ZUIXIANGJIN DE LENGDONG BAOCUN JIAOKESHU

最详尽的
冷冻保存教科书

（日）吉出端于 著

闫凤敏 译

辽宁科学技术出版社

·沈阳·

蔬菜类

不能冷冻的食材

第3章 用冷冻食材快速烹饪

主食

主菜

配菜

甜品

第4章 料理冷冻方法

主食

传统主菜和定制食谱

调味汁和定制食谱

冷冻保存的关键！

第 1

通过密封和小分量冷冻，
能够做出美味的料理

所以……

① 这样的难题也可以解决！

米饭放入冷冻室后，
就变得干巴巴……

为了节约时间，周末把米饭做好冷冻保存起来。但是，解冻后米饭就变得干巴巴的，一点也不好吃了！怎样才能让米饭像刚出锅那样松软美味呢？（20岁左右女性）

好难吃啊

冷冻保存 **米饭**

密封冷冻，
能保存米饭的
湿软口感！

分成单份
包好冷冻

饭团冷冻

使用保鲜
膜或冷冻
保存袋

详细方法 P26【米饭】

8

集中购买后剩余的食材，一直用不完，反而浪费。

因为经常买过多的食材，没吃完就腐烂了。有时把肉冷冻起来，解冻后变得干巴巴的，不好吃了……（30岁左右女性）

正确冷冻保存
薄切肉

正确冷冻保存
芦笋

一次用量包好冷冻

煮完后急速冷却，
放入冷冻保鲜袋中

事先分成小份冷冻，使用时取出适量份数即可

详细方法
P30【猪肉薄切片】
P34【牛肉薄切片】

急速冷却后放入冷冻保存袋中，不要和其他蔬菜粘在一起，使用时取出适量即可。

详细方法 P56【芦笋】

分成小份冷冻，可以**毫无浪费地利用**食材！

冷冻保存的关键!

第 2

按照下面冷冻完后
可以缩短烹调时间!

所以……

1 这样的难题也可以解决!

早上不费时的料理!

忙碌的早晨,丈夫和孩子的便当通常是塞满了买来的冷冻食品。实际上家人都想吃到亲手制作的料理,而且购买的速食品花费也不小。(30岁左右的女性)

用事先冷冻好的食物可以立即完成便当的制作!

正确冷冻保存
肉馅

正确冷冻保存
腌鲑鱼

做成肉丸子
冷冻

加入烤肉
松冷冻

对于这样
的料理

对于这样
的料理

解冻后加入甜辣酱调味,制成甜辣肉丸子

解冻后和米饭拌在一起,做成鲑鱼拌饭。

详细方法

详细方法 P47【腌鲑鱼】

P36【猪肉末·牛肉末】
P41【鸡肉末】

所以……

② 这样的难题也可以解决！

很晚下班回家，
没有做饭的时间！

下班到家一般已经过了21点。虽然想自己做饭，但觉得很麻烦，只好在便利店随便吃点。（20岁左右的女性）

正确冷冻保存
鸡腿肉

用香辛料调味冷冻

对于这样的料理

解冻后做出香辛烤鸡腿肉。

详细方法 P39【鸡肉（鸡胸肉·鸡腿肉·鸡胸脯肉）】

调一下底味，
简单烹调出一道
完整的菜肴！

正确冷冻保存
洋葱

将洋葱切碎冷冻

对于这样的料理

冷冻破坏洋葱细胞，短时间可完成炒洋葱。

详细方法 P65【洋葱】

通过冷冻，
耗时的工程在短
时间内就可完成！

冷冻保存的关键！

第 **3**

为防止细菌的繁殖导致食材变质，
要妥善保存食材！

所以……

1 这样的难题也可以解决！

自己随意冷冻保存。不仅是味道，卫生方面也令人担心。

在使用新鲜食材时，肯定会注意到卫生问题。但是经过解冻、多余的部分再冷冻，一次使用必定会增加一些细菌，不免让人担心……（30岁左右女性）

小分量冷冻，一次只取出要使用的分量，可防止细菌再生！

正确冷冻保存 肉末	正确冷冻保存 西兰花
将肉末分成便于使用的大小冷冻	用开水煮后急速冷冻，放入冷冻保鲜袋中

使用时沿着分割线折断

急速冷冻后不容易粘黏，使用时容易取出

一次只取出需要使用的分量，避免再次冷冻

详细方法
P36【猪肉末·牛肉末】
P41【鸡肉末】

详细方法
P56【西兰花·菜花】

所以……
② 这样的难题也可以解决！

冷冻保存后食材的质量变差怎么办？

将肉切细，每200g左右用保鲜袋包好冷冻保存起来。解冻后，大量的冻汁流出，食材的美味也随之流走，味道和食感就会变差。难道不能避免冷冻后食材质量变差吗……（40岁左右女性）

正确冷冻保存
竹荚鱼

正确冷冻保存
碎肉

将新鲜的鱼处理后冷冻

调味后冷冻

容易变质的鱼一定要在新鲜时冷冻起来！牢固密封冷冻

`详细方法` P43【竹荚鱼】

将肉分为便于使用的分量，放入保鲜袋中冷冻保存

`详细方法`
P31【猪碎肉】

根据食材使用冷冻技巧，防止食材变质！

冷冻保存的关键！

第 **4**

菜肴通过冷冻保存，
可以缩短烹饪时间，丰富饭桌

所以……
这样的难题也可以解决！

一直吃同样的饭菜会厌烦！

一次性做很多咖喱，一连吃好几天的话，肯定会厌烦！可是吃不完倒掉就会浪费。怎样正确冷冻保存牛肉咖喱饭……（30岁左右女性）

适合冷冻保存的**牛肉咖喱饭**

取出土豆，分别冷冻

咖喱　　　　　　　　土豆

详细方法 P145【豆腐咖喱浇汁菜】

使用冷冻保存容器

使用冷冻保存袋

分开冷冻食材，能够快速做出料理！

通过定制食谱，丰富饭菜种类！

详细方法 P145【土豆咖喱汤】

第 **1** 章

冷冻的基本方法

令人惊喜的正确冷冻和解冻程序。
只要掌握了技巧，冷冻保存就会变得很简单。
为了保持食物冷冻后的美味和完整，首先要掌握基本技巧！

详细比较冷冻过程！
初学者VS达人

购买后

在超市看到便宜的肉，为了节省，一次买了很多。包好后直接放入冰箱。

这样不好！
带着包装袋直接冷冻的话，食材的味道会变差并且变得干巴巴。一定要放入冷冻保存袋中密封起来。

冷冻时机

冰箱里塞满了食材。仔细一看，明天就是保质期最后一天！于是急忙放入冰箱，这样就暂且安心吗？

这样不好！
在新鲜度已经下降时冷冻，解冻后食物的味道肯定会减分。因此，冷冻要在食材新鲜的时候进行。

达人的冷冻流程

一次性买很多便宜的肉，吃不完的要分成小分量放入冰箱里。

这样就很好！
分成小份冷冻，使用时取出适量即可，十分方便。既可以防止食材变味，亦可避免再次冷冻。

详细方法 P18【冷冻的基本】

多余的食材，要放入冷冻保存袋中，一次用量冷冻起来。

这样就很好！
冷冻饭菜是没有时间做饭时的最佳方法！自己做，比在外面买实惠得多。

详细方法 P138【炸肉排】

把食材放入冰箱冷冻保存的人应该很多。
不知道正确冷冻方法的初学者和熟悉冷冻技巧的达人，
你属于哪一种呢？

解冻

从冰箱里取出包装好的肉解冻。将没用完剩下的部分再一次放入冰箱里。

这样不好！
解冻的食材再次冷冻，味道就会大不如前。伴随解冻产生的细菌也令人担心。

忙乱的早上和没时间做晚饭时，就用冷冻食材烹饪。

这样就很好！
用事先准备好的食材可缩短烹饪时间，还可保证食材的美味。可谓一举两得。

详细方法 P90【猪牛肉混合盖饭】

完成

有时打开冰箱一看，不知什么时候里面已经堆满了冷冻的各种食材。不得已痛心地把它们都丢掉。结果根本就不节省。

这样不好！
有时突然看一下冰箱里的冷冻食材，很难分辨食材的存储日期，因此日常的管理是很有必要的。要在冷冻保存袋上记下存储日期。

冷冻的饭菜，解冻后不仅可以直接食用，还可以自由搭配。这样就不会感到腻烦，还可做出美味。

炸肉排可变身为披萨！

这样就很好！
如果知道冷冻饭菜的回锅做法，拿手的料理就会变得很多。

详细方法 P139【肉排披萨】

1 冷冻

冷冻的基本就是"分成小分量→放入冷冻保存袋中"，只有这两个步骤。事先简单处理和快速冷冻后放入保存袋，稍微花些功夫，之后的烹饪就变得很轻松，时间也大大缩短。

基本程序

1 分成小份

※分成小份

用保鲜膜和硅胶杯将食材分成便于使用的分量。

※分小份前事先处理

事先调味、煮、炒等，经过处理后再分成小份。

要点

散乱的食材想要轻松取出，先要急速冷冻。

虽然散乱但想轻松取出的食材，为了不让彼此粘黏，将其放在金属平盘上快速冷冻后，放入冷冻保存袋中。

---

2 放入冷冻保存袋中

为防止食材干燥和走味，放入密封性好的冷冻保存袋，然后再放进冰箱里。

只要做好这个就OK了！

冷冻技巧

使用密封性好的
冷冻保存袋

无论何时，放入冷冻保存袋是冷冻不变的法则。只用保鲜膜包装冷冻，食材容易干燥并走味，也会混入其他食材的味道。开封后的袋子用橡皮筋扎紧是不管用的。

技巧2

小分量冷冻

冷冻前，将食材分成一次用量的大小是安全冷冻的原则。如果整个冷冻，使用时要解冻整个包装袋。解冻后各种细菌会再次繁殖，从卫生方面来讲是不可取的，味道也会大不如前。

技巧3

活用金属平盘

铝制和不锈钢的平盘是冷冻保存的便利帮手。因为金属导热良好，冰箱里的冷气容易进入食材中，非常适合快速冷冻。

2 解冻

根据食材的特征，解冻可分为"半解冻"、"解冻"、"加热解冻"三种方式。

半解冻

将微波炉调为半解冻模式。肉和鱼等柔软的食材在半解冻的状态下很容易切，注意不要解冻过度。

半解冻食材

生肉/生鱼

鸡腿肉

猪肉薄切片

鱼块

半解冻的区分方法

用手指按一下保鲜膜，感觉肉里面稍微发硬即可。

解冻

将微波炉调为解冻模式。如果时间充裕，也可以放在冰箱冷藏室自然解冻。

解冻食材

加热烹饪的食材/常温吃的食物/凉食

纳豆

没时间做饭时……

用微波炉的普通模式短时间加热一下即可。因加热时间很短，请勿离开微波炉。

鲑鱼肉松烧

酸奶（加糖）

加热解冻

用微波炉的普通模式加热到有热气冒出。自然解冻无法将米饭恢复到解冻前的状态，而且米饭会变得干巴巴的。解冻米饭应该完全加热，才能恢复松软的口感。

解冻加热的食材

微热吃的食物（米饭、意大利面等）

米饭

冷冻意大利面（煮过的）

米饭为什么要加热解冻？

自然解冻冷冻过的米饭，会有干巴巴的口感。这是因为微热状态下的米饭所含的 α–淀粉冷冻后变成 β–淀粉加热后会变回 α–淀粉，也就会有松软的口感。

冷冻会让烹调变得轻松的食材

根据食材的不同，比起直接烹调，冷冻后能够缩短烹调时间。请一定要活用能够缩短时间的技巧。

※炒洋葱

炒洋葱是将洋葱切成末，长时间炒制以破坏细胞组织，尽量释放出水分。冷冻能够破坏洋葱细胞，因而可以缩短炒制时间。烹饪时直接放入煎锅即可。

※西红柿

冷冻过的西红柿表皮有水分，很容易剥皮，省去了开水去皮的麻烦。并且，将冷冻过的西红柿擦成泥，节省了将其切碎的时间。这样一来，短时间内就能做出番茄酱。

3 冷冻和解冻的难题

回答关于冷冻的简单疑问。运用正确的冷冻知识，享受安全美味的"冷冻生活"！

 冷冻的食材是安全的吗？

 如果将新鲜的食材在清洁的状态下冷冻，能够保持其安全和美味。

把手洗干净，使用清洁的筷子和菜板。买回来后立即分成小份密封。这两点是保证食材安全和美味的冷冻关键。买好食材后，首先把要立即使用和冷冻保存的食材区分开来。

事先洗净手。

 冷冻食材有种干巴巴的口感……

放入冷冻保存袋中，防止干燥和走味。

干巴巴的口感是因为冷冻后食材变得干燥。所以要将食材放入能够密封的冷冻保存袋中。并且，加入调味料保存的话，能够有效防止食材干燥。

盐、胡椒

香草腌渍

提前调味可缩短烹饪时间。

冷冻保存袋中有霜，美味会因此流失吗？

 霜是水分蒸发形成的，这是食材干燥、变质的证据。

冰箱内的温度一上升，食材里含的水分就会蒸发，再次冷冻就变成霜了。也就是说，霜是食材干燥的证据。因冰箱内温度会升高，所以塞满大量食材的冰箱尽量避免反复开关。

 冷冻食材做的料理可以冷冻保存吗？

 禁止再次冷冻！使用冷冻食材时，尽量只取出能够吃完的分量。

再次冷冻不仅会令食材走味，解冻时繁殖的细菌也会被一起冷冻，因此要尽量避免。使用冷冻食材做出的料理最好不要再次冷冻保存。为防止使用过量，要分成小份冷冻。

冷冻水分多的蔬菜时，事先加热烹调一下。

 蔬菜可以直接冷冻吗？

 不推荐直接冷冻蔬菜，尽量事先处理后再冷冻。

蔬菜如果直接冷冻，颜色和味道就会变差。事先煮一下或炒一下，是保存蔬菜美味的秘诀。

4 冷冻保存的基本用具

防止干燥

冷冻保存容器

冷冻液体或外形容易破坏的食物（蛋糕等）时，冷冻容器必不可少。

冷冻米饭用的容器

一碗米饭容量大小的冷冻保存容器。因开着蒸汽出口，解冻加热时能防止容器破碎。

冷冻保存袋

保鲜膜无法密封，所以一定要放入冷冻保存袋中。用油性笔写上冷冻日期，可以一目了然地知道要尽快使用的食材。

小份冷冻

硅胶杯

相对于冰箱里的温度，将食材直接放入硅胶杯冷冻即可。做便当时，从冰箱里拿出来即可（必要时解冻后也行），缩短烹饪时间。

金属平盘

相互容易粘黏的食材在放入冷冻保存袋前，用金属平盘冻好，再装袋。取出时就不会粘黏了。

保鲜膜

食材放入冷冻保存袋或冷冻保存容器前，用保鲜膜分成小份包起来，使用时取出所需分量即可。

亦可用点心盒的盖子

如果没有金属平盘，可用点心盒的盖子。

解冻物件

解冻时代替保鲜膜

解冻时代替保鲜膜，使用硅制盖子。

加快自然解冻

在导热性能好的金属上放上解冻食材，常温下能加快解冻。液滴不易溢出，非常适合生鱼片和肉的解冻。

第 **2** 章

不同食材的冷冻方法

冷冻食材之前，首先要明确食材的冷冻方法！
配合食材的特点，为大家介绍最适合的方法。
介绍冷冻保存期间的注意事项，请作为参考。

主食类

米饭

冷冻过的米饭，如果自然解冻，就会变得干巴巴的而且很硬。吃的时候一定要用微波炉加热，使其恢复松软。

一次用量包好

1 在米饭尚热时分成单份包好。

注意 为均匀冷却，将米饭平铺成形。

2 凉透后放入冷冻保存袋中

冷冻保质期
1个月

解冻加热方法
用微波炉
解冻

做成饭团

1 做成饭团，每个用保鲜膜包好。

注意
冷却前用保鲜膜包好，防止表面干燥，保证湿软的口感。

2 凉透后放入冷冻保存袋中。

冷冻保质期 1个月
解冻加热方法 用微波炉解冻

年糕

过年时会有剩余的年糕，冷冻后直接烤热很方便。比起冷藏保存，能够更长时间保证其美味。

单个包好

单块年糕用保鲜膜包好放入冷冻保存袋中。

| 冷冻保质期 | 1个月 |
| 解冻加热方法 | 直接烤热 |

切片面包

开封后的切片面包，连袋直接冷冻会变得干巴巴的，风味大减。因此一定要放入冷冻保存袋中密封好。吃之前直接烤一下就行了。

分片包好

每片用保鲜膜包好放入冷冻保存袋中。

注意
做成三明治冷冻时，只需加入适合冷冻的食材（火腿、鲑鱼等）。

| 冷冻保质期 | 1个月 |
| 解冻加热方法 | 直接烤热 |

面包卷·松饼·羊角面包

较厚的面包冷冻后直接烘烤解冻，里面没热外面就焦了。烘烤之前，先要自然解冻或用微波炉解冻。

单个包好

每个用保鲜膜包好放入冷冻保存袋中。

注意
厚面包要用微波炉解冻后烘烤。并且，用微波炉解冻时请注意不要让其变干。

| 冷冻保质期 | 1个月 |
| 解冻加热方法 | 自然解冻或用微波炉解冻后烤热 |

蔬菜热狗

热狗（有馅料的面包）也可以冷冻保存。食用时厚面包先用微波炉解冻，薄面包直接用烤面包机加热即可。

单个包好

单个用保鲜膜包好放入冷冻保存袋中。

注意
蔬菜热狗里面的馅料要选用可以冷冻的食材。避免用土豆等冷冻后口感不佳的食材。

冷冻保质期 1个月
解冻加热方法 微波炉解冻后用锡纸包好在烤面包机加热

烤松糕

早饭和午后间时常吃的烤松糕，烤一下保存即可。解冻后用煎锅烤一下，会有脆脆的口感。

单个包好

单个用保鲜膜包好放入冷冻保存袋中。

冷冻保质期 1个月
解冻加热方法 微波炉解冻后用煎锅或烤面包机加热

生面食·煮面

生面食直接冷冻即可，煮后保存可缩短烹饪时间。如果烹饪时要加热，把面煮硬一点比较好。

一次用量包好

连包装袋一起直接放入冷冻保存袋中。开封过的按单次用量分份包好放入冷冻保存袋中。

冷冻保质期 1个月　**解冻加热方法** 用微波炉解冻

意大利面

煮后冷冻保存可以节省烹饪时间。为防止粘黏，倒入少许食用油搅拌一下。用微波炉解冻即可。

一次用量包好

 为防止面条黏在一起，倒点食用油搅拌一下，冷却。

 按食用量分份包好放入冷冻保存袋中。

冷冻保质期 1个月　　解冻加热方法 用微波炉解冻

饺子皮

用后剩余的饺子皮。冷冻后可直接用油炸制成下酒菜，或包入奶酪煎一下做成便当。

一次用量包好

分成单份用保鲜膜包好，放入冷冻保存袋中。

注 意
冷冻状态下，生面容易粘黏在一起，不容易分开，解冻后就容易多了。

冷冻保质期 1个月
解冻加热方法 用微波炉解冻

面粉·面包粉

常温下会招致湿气和蚊虫的面粉，冷冻保存起来则让人放心。直接连同包装袋一起冷冻即可。

直接放入保存袋中

封上包装袋的口，放入冷冻保存袋中。或者抽出空气将面粉放入冷冻保存袋中。

冷冻保质期 1个月
解冻加热方法 直接使用

肉 类

猪肉薄切片

饭桌上最多的要数肉片了。用盐、胡椒、酱油调味冷冻保存，解冻后烹饪变得更简单。

一次用量包好

1 铺一层保鲜膜，按照保存袋的大小，铺上2~3片肉，再用保鲜膜盖住。

2 按照步骤1的方法再铺上几层肉片。最后用保鲜膜包好，放入冷冻保存袋中。

注意
因为可以按每次食用所需分量取出，所以按照保鲜膜、肉片、保鲜膜的顺序铺上3~4层亦可。

冷冻保质期 3~4周
解冻加热方法 取出所需分量，直接烹饪

用盐和胡椒调味

1 铺一层保鲜膜，撒上少许盐和胡椒。在上面放2~3片肉，再用保鲜膜盖住。

注意
在肉片表面撒点盐和胡椒，也能入味。

2 按照步骤1的方法再铺上几层肉片。最后用保鲜膜包好，放入冷冻保存袋中。

冷冻保质期 3~4周
解冻加热方法 取出所需分量，直接烹饪

用酱油调味

① 在金属平盘上放入少许酱油、料酒，将肉蘸上调料，在保鲜膜上铺2~3片肉，再用保鲜膜盖住。

注意
处理肉类时，为防止细菌滋生，一定要把手和筷子洗干净。

② 按照步骤1的方法再铺上几层肉片。最后用保鲜膜包好，放入冷冻保存袋中。

冷冻保质期 3~4周
解冻加热方法 取出所需分量，直接烹饪

猪肉碎块

一次买大量猪肉碎块，分开保存。根据用途，像猪肉薄切片那样冷冻即可。

用酱油调味

① 在碗中放入肉、酱油、料酒少许，搅拌一下。

注意
调味时，将肉充分搅拌。

② 按用量分开用保鲜膜包好，放入冷冻保存袋中。

冷冻保质期 3~4周
解冻加热方法 用微波炉解冻

猪肉厚切片

制作炸猪排的猪肉厚切片在冷冻之前裹上一层"外衣"便于之后的操作。当然，只用盐和胡椒调味亦可。

给猪肉裹上一层"外衣"

1 在猪肉的两面各撒上少许盐和胡椒，按顺序蘸满面粉、鸡蛋液、面包粉。

注意
即使已经炸好也可以冷冻。放凉后摆在金属容器上，包上保鲜膜冷冻起来，冻好之后，再放入冷冻保存袋中。用烤箱解冻加热即可食用。

2 单个用保鲜膜包好，放入冷冻保存袋中。

冷冻保质期 3~4周
解冻加热方法 冷冻的猪排直接油炸即可

用盐和胡椒调味

1 将保鲜膜铺好，撒上少许盐和胡椒。将猪肉放在保鲜膜上，再撒上少许盐和胡椒。

2 将一块调好味的猪排肉用保鲜膜包好，放入冷冻保存袋中。

冷冻保质期 3~4周
解冻加热方法 用微波炉将其半解冻，再直接烹饪即可。

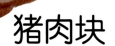

猪肉块

一次用不完的猪肉块，推荐少量分开冷冻。冷冻之前煮好，高汤亦可一起储存，可谓一举两得。

切成便于食用的大小

将肉切成便于食用的大小，摆在金属容器上，盖上保鲜膜快速冷冻，冷冻好后放入冷冻保鲜袋中。

注意

如果直接放入冷冻保存袋，肉块会粘在一起，事先放在金属容器上快速冷冻，将其分隔开。为防止食材黏在金属容器上，下面铺上一层保鲜膜。

冷冻保质期 3~4周

解冻加热方法 用微波炉将其半解冻，再直接烹饪即可

烹制炖肉

1 在开水中各加入适量的酒、盐、葱、姜，开始炖肉。

注意

炖肉的汤汁可做高汤使用。炖肉冷却之后放入冷冻保存容器中，这样便于后面的操作。

2 将其切成便于食用的大小，用保鲜袋包好，放入冷冻保存袋中。

冷冻保质期 4~5周

解冻加热方法 用微波炉解冻加热即可

牛肉薄切片

直接冷冻保存，容易变得干巴巴的。用酱油等调味后保存会避免干巴，也容易烹饪。

一次用量包好

1 铺一层保鲜膜，按照保存袋的大小，铺上2~3片肉，再用保鲜膜盖住。

2 按照步骤1的方法再铺上几层肉片。最后用保鲜膜包好，放入冷冻保存袋中。

冷冻保质期 3~4周

解冻加热方法 取出直接烹饪即可

用酱油调味

1 在金属平盘上倒入酱油、料酒，将牛肉浸入其中。在保鲜膜上铺上2~3片肉，再用保鲜膜盖住。

2 按照步骤1的方法再铺上几层肉片。最后用保鲜膜包好，放入冷冻保存袋中。

冷冻保质期 3~4周

解冻加热方法 取出直接烹饪即可

牛肉厚切片

冷冻的肉解冻时，容易渗出液体。为防止出现液体，事先烤一下再冷冻比较好。

两面煎肉

1 将肉切成大小适中的块，用煎锅将表面煎至上色。

2 冷却后单块用保鲜膜包好，放入冷冻保存袋中。

冷冻保质期 4~5周
解冻加热方法 用微波炉解冻加热

用盐和胡椒调味

1 将肉切成大小适中的块。铺上保鲜膜，撒上少许盐和胡椒，将肉放在上面，再撒上盐和胡椒。

2 冷却后单块用保鲜膜包好，放入冷冻保存袋中。

冷冻保质期 3~4周
解冻加热方法 用微波炉半解冻或直接烹饪

猪肉末·牛肉末

容易变质的肉末，购买后要马上冷冻保存起来。放入冷冻保存袋中，用筷子分割出一次使用的分量，既简单又卫生。加热后冷冻会更安全。

一次用量包好

1 将肉直接放入冷冻保存袋中，抽出空气。用筷子分割出一次使用的分量。

注意
用保鲜膜将一次使用的分量包好，放入冷冻保存袋即可。

2 使用时沿着折痕取出所需分量即可。

冷冻保质期 3~4周
解冻加热方法 用微波炉解冻加热

做成肉松

1 用煎锅边拆散肉末边炒制。待肉的颜色变了之后，再加入少许盐和胡椒。

2 冷却后按照一次使用的分量用保鲜膜包好，放入冷冻保存袋中。

冷冻保质期 4~5周
解冻加热方法 用微波炉解冻加热

制作肉丸子

1 制作肉丸子的主料。将做好的丸子按一定间隔放在金属平盘上，盖上保鲜膜快速冷冻。

2 冻好后放进冷冻保存袋中。

注意
煮后冷冻亦可。→P41

冷冻保质期 3~4周
解冻加热方法 直接烹饪

制作肉酱

1 用煎锅边拆散肉末边炒制。待肉的颜色变了之后，停火加入适量味噌、酱油、料酒、砂糖调味。开火收干水分。

2 冷却后按照一次使用的分量用保鲜膜包好，放入冷冻保存袋中。

冷冻保质期 4~5周
解冻加热方法 用微波炉解冻加热

鸡肉

（鸡胸肉·鸡腿肉·鸡胸脯肉）

冷冻时防止走味。之前不要忘记去掉水分，用纸巾吸干水分即可。

一次用量包好

切成便于食用的大小，用保鲜膜按照一次使用的分量包好，放入冷冻保存袋中。

注意

不切块直接冷冻亦可。

冷冻保质期 3~4周
解冻加热方法 用微波炉半解冻

用盐和胡椒调味

① 铺上保鲜膜，上面撒上少许盐和胡椒。将肉放在上面，再撒上盐和胡椒。

② 单块肉用保鲜膜包好，放入冷冻保存袋中。

冷冻保质期 3~4周
解冻加热方法 用微波炉半解冻

用酱油调味

冷冻保质期
3~4周
解冻加热方法
用微波炉半解冻

① 将肉切成可以入口的大小后放入碗中，加入适量酱油、料酒调味。

② 用保鲜膜按照一次使用的分量包好，放入冷冻保存袋中。

用香草腌渍

1 用餐叉在鸡肉上戳几个洞，将盐和胡椒揉进去。

2 将肉和适量的橄榄油、大蒜、迷迭香放入冷冻保存袋中，充分揉搓搅拌好。

冷冻保质期 3~4周
解冻加热方法 用微波炉半解冻

制作蒸鸡肉（鸡胸肉和胸脯肉）

1 在肉上撒上盐和胡椒，加入葱姜，洒点酒。用微波炉加热三分钟，翻过来再加热两分钟。

2 冷却后切丝，用保鲜膜按照一次使用的分量包好，放入冷冻保存袋中。

注意
冷却后，整块冷冻亦可。

冷冻保质期 4~5周
解冻加热方法 用微波炉半解冻

鸡翅尖·鸡翅根

用水洗干净后，再用纸巾将水分吸干后冷冻，这样能防止走味。

单块包好

单块分开用保鲜膜包好，放入冷冻保存袋中。

注意
解冻时因有水分渗出，烹饪前用纸巾将水分吸干。

冷冻保质期
3~4周
解冻加热方法
用微波炉半解冻

用盐和胡椒调味

① 铺上保鲜膜，撒上少许盐和胡椒，放上鸡肉，再撒上少许盐和胡椒。

② 单块用保鲜膜包好，放入冷冻保存袋中。

冷冻保质期
3~4周
解冻加热方法
用微波炉半解冻

用酱油调味

冷冻保质期
3~4周
解冻加热方法
用微波炉半解冻

① 将肉放在碗里，加入少许酱油、料酒调味。

② 单块分开用保鲜膜包好，放入冷冻保存袋中。

鸡肉末

鸡肉末用于制作分量大的菜肴和便当时十分方便。任何时候都可以使用，推荐分成小份冷冻，解冻时也快。

一次用量包好

用保鲜膜按照一次使用的分量包好，放入冷冻保存袋中。

注意
直接放入冷冻保存袋，用筷子分出一次使用的分量后冷冻亦可。

冷冻保质期 3~4周
解冻加热方法 用微波炉半解冻

制作香辣肉松

1. 边搅散肉末边炒制。变颜色后加入少许酱油、料酒、酒、糖搅拌，再开火收汁。

2. 冷却后用保鲜膜按照一次使用的分量包好，放入冷冻保存袋中。

冷冻保质期
4~5周
解冻加热方法
用微波炉半解冻

制作肉丸子

冷冻保质期
4~5周
解冻加热方法
用微波炉解冻加热或直接烹饪

注意
煮之前冷冻亦可。→P37

1. 准备肉丸子的馅料制作成丸子，在加入少许酒的开水里煮。

2. 待水汽蒸发冷却后，将做好的丸子按一定间隔放在金属平盘上，盖上保鲜膜快速冷冻。冻好后放进冷冻保存袋中。

鸡肝

容易变质的鸡肝买回来后如果不用，要立即冷冻。加入调味料一起冷冻，能够抑制其中的腥味。

用酱油调味

1 用水或牛奶浸泡15分钟左右，去除腥味，然后沥干水分。

2 将肉和适量的酱油、酒、大蒜混合后放入冷冻保存袋中。

冷冻保质期 3~4周
解冻加热方法 用微波炉解冻

肉类加工品

火腿和熏肉如果连同包装袋一起冷冻，一旦开封就容易变质。一次性无法使用完的部分要提前冷冻保存。

直接放入保存袋中

维也纳香肠直接放入冷冻保存袋中。

注意

将香肠切成炒菜或做汤时使用的大小后冷冻。或者将火腿和熏肉切成片，按一次用量分份冷冻。

冷冻保质期 4~5周
解冻加热方法 直接烹饪

海鲜类

竹荚鱼

如果是新鲜的鱼，整条冷冻即可。有腥味的内脏和鱼鳃一定要提前处理掉。

整条放入保存袋中

1 去掉鱼鳞和鱼头，取出内脏，洗干净。

2 用纸巾吸干水分，每条用保鲜膜单独包好，放入冷冻保存袋中。

冷冻保质期
2周
解冻加热方法
用微波炉半解冻或直接烹饪

将鱼片成三片

1 去掉鱼鳞和鱼头，取出内脏，洗干净后片成三片。

2 用纸巾吸干水分，每片用保鲜膜包好，放入冷冻保存袋中。

冷冻保质期
2周
解冻加热方法
用微波炉半解冻或直接烹饪

秋刀鱼

切成大块简单处理一下，一定要取出内脏。擦干水分再冷冻。

切成大块

切成大块，取出内脏，放在金属平盘上，盖上保鲜膜快速冷冻。冻好后放入冷冻保存袋中。

冷冻保质期 2周

解冻加热方法 用微波炉半解冻或直接烹饪

沙丁鱼

新鲜的沙丁鱼买回来后立即冷冻。制成肉糜可用来做鱼丸子或汉堡包。

用酱油调味

1 将鱼身切开，放在铺有保鲜膜的金属平盘上，撒上少许酱油和酒。

2 每片用保鲜膜包好，放入冷冻保存袋中。

冷冻保质期 2周

解冻加热方法 用微波炉半解冻或直接烹饪

制成肉糜

1 将鱼肉剁碎，加入适量味噌、酒、姜调味。放入冷冻保存袋中，挤出空气按平。

2 用筷子分割出一次使用的分量，使用时沿着折痕取出适量即可。

注意
用保鲜膜小分量包好，放入冷冻保存袋中亦可。

冷冻保质期 2周
解冻加热方法 用微波炉解冻

鲭鱼

鲭鱼放置的时间越长，腥味越重。推荐调味后再冷冻，这样既可很好入味，烹饪时也会更简单。

用酱油调味

1 将鲭鱼切成大小适中的块，放在金属平盘上，加入适量的酱油、酒、姜调味。

2 单块用保鲜膜包好，放入冷冻保存袋中。

冷冻保质期 2周
解冻加热方法 用微波炉半解冻或直接烹饪

45

生鱼片

（鲷鱼、鲅鱼、五条鰤、
　　剑鱼、鲑鱼等）

冷冻生鱼片时，为能均匀冷冻和解冻，要注意按厚度和大小分开。

分块包好

单块用保鲜膜包好，放入冷冻保存袋中。

注意

洒上酒后冷冻能去除腥味。同时，冷冻做生鱼片的鱼肉时，比起用微波炉解冻，在冰箱冷藏室里自然解冻会更好。

冷冻保质期 2周
解冻加热方法 用微波炉半解冻或直接烹饪

用酱油调味

1 将生鱼片放在金属平盘上，加入少许酱油、酒、姜调味。

2 单块用保鲜膜包好，放入冷冻保存袋中。

冷冻保质期 2周
解冻加热方法 用微波炉半解冻或直接烹饪

腌鲑鱼

鲑鱼不容易走味，很适合冷冻。做成肉松后是制作饭团和便当的重要材料。

分块包好

用纸巾吸干水分，每块用保鲜膜包好，放入冷冻保存袋中。

注意

解冻时会有水分流出，一定要用纸巾吸干水分后使用。直接放在烤架上烤制即可。

冷冻保质期 2周
解冻加热方法 用微波炉半解冻或直接烹饪

制作烤肉松

① 冷却烤后的生鱼片，去除鱼皮和鱼骨，拆分鱼肉。

② 用保鲜膜按照一次使用的分量包好，放入冷冻保存袋中。

冷冻保质期 3周
解冻加热方法 用微波炉解冻

虾

买回来的冷冻虾要尽早放入冰箱冷冻室。生虾煮过后冷冻，能保存其新鲜度。

快速冷冻

去掉虾线，把虾放在金属平盘上，盖上保鲜膜快速冷冻。冻好后放入冷冻保存袋中。

注意

买回来的冷冻虾趁着没化开前，放进冰箱冷冻室。

冷冻保质期 2周

解冻加热方法 用微波炉解冻或在水里整袋解冻

连壳煮

1 取出虾头和虾线，连壳煮。

2 把虾放在金属平盘上，盖上保鲜膜快速冷冻。冻好后放入冷冻保存袋中。

冷冻保质期 3周

解冻加热方法 用微波炉解冻

墨鱼

墨鱼水分少，不容易变质，适合冷冻。但是，由于其内脏不能冷冻，应该取出后再冷冻。

快速冷冻

1 将墨鱼躯体切成环状，墨鱼腿切成2~3段。

2 按一定间隔放在金属平盘上，盖上保鲜膜快速冷冻。冻好后放进冷冻保存袋中。

冷冻保质期 2周
解冻加热方法 用微波炉解冻或直接烹饪

用香草腌渍

将墨鱼切成可以食用的大小，加入适量橄榄油、大蒜、盐、胡椒、百里香，放入冷冻保存袋中，用手充分揉搓。

注意
用来炒菜或者在做意大利面时亦可使用。

冷冻保质期 2周
解冻加热方法 用微波炉解冻或直接烹饪

章鱼

章鱼经常一次吃不完，整块难以冷冻，且解冻也耗时较长，所以切片后再冷冻。

切成薄片

将章鱼切成大小合适的片，放在金属平盘上，盖上保鲜膜快速冷冻。冻好后放进冷冻保存袋中。

冷冻保质期
2周

解冻加热方法
用微波炉解冻或直接烹饪

花蛤·蚬·文蛤

容易变质的贝类带壳冷冻保存会比较好。冷冻前不要忘记去砂。加热后冷冻亦可。

快速冷冻

去砂的贝类放在金属平盘上，盖上保鲜膜快速冷冻。冻好后放进冷冻保存袋中。

酒蒸

① 在煎锅里放贝类，倒入少许酒，盖上盖子酒蒸。

② 放进冷冻保存容器，连汁一起冷冻。

冷冻保质期 2周

解冻加热方法 直接烹饪

冷冻保质期 3周

解冻方法 用微波炉解冻加热

扇贝

新鲜的扇贝放入冷冻保存袋中冷冻，容易相互粘在一起，应事先用平底盘快速冷冻后，放入冷冻保存袋中。需要时取出适量即可。

快速冷冻

放在金属平盘上，盖上保鲜膜快速快速冷冻。冻好后放进冷冻保存袋中。

冷冻保质期

2周

解冻方法

用微波炉半解冻或直接烹饪

明太鱼子·鳕鱼子

明太鱼子、鳕鱼子是冷冻后也不容易走味的食材。未食用完的剩余食材应马上放进冰箱里。

单个包好

包好，放进冷冻保存袋中。

注意

半解冻状态下不容易变形且易熟。

冷冻保质期 2周

解冻方法 用微波炉半解冻或直接烹饪

鲑鱼子

鲑鱼子容易破碎，应放入冷冻保存容器里冷冻。解冻时易加热过度，推荐在冰箱冷藏室自然解冻。

一次用量分好

鲑鱼子容易破碎，用锡纸杯分量，放入冷冻保存容器里冷冻。

冷冻保质期

2周

解冻方法

在冰箱冷藏室自然解冻

杂鱼干

杂鱼干因干巴巴的，嫌麻烦的话不必分量直接放入冷冻保存袋中即可。

一次用量包好

将一次使用的分量用保鲜膜包好，放入冷冻保存袋中。

注意
即使直接放入冷冻保存袋中，因是干巴巴的，也容易取出。

冷冻保质期 3周
解冻方法 常温放置即可

鱼糕

冷冻后口感会变，应切细后再冷冻。分少量冷冻，烹饪时给料理增添色彩。

一次用量包好

拿掉木板切成细条，将一次使用的分量用保鲜膜包好，放入冷冻保存袋中。

注意
冷冻后会成为海绵状。尽量切细后再冷冻。

冷冻保质期 3周
解冻方法 用微波炉解冻或直接烹饪

鱼卷·油炸鱼肉饼

鱼肉泥食品吃不完很容易连同包装袋一起放入冰箱里。如果单个用保鲜膜包好冷冻，可以很方便地拿来烹饪。

单个包好

单个用保鲜膜包好，放入冷冻保存袋中。

冷冻保质期 3周
解冻方法 用微波炉半解冻或直接烹饪

蔬菜类

卷心菜

买一棵卷心菜一次吃不完，可以加热后冷冻。解冻后也便于烹饪。

| 炒制 | 煮 |

① 炒制

将卷心菜切成大块，加入少许盐和胡椒快炒。

② 煮

过一下开水，放入凉水中，沥干水分。

注意
解冻后要用来煮东西和做汤，所以建议煮硬一点。

② 将一次使用的分量用保鲜膜包好，放入冷冻保存袋中。

② 用保鲜膜按照一次使用的分量包好，放入冷冻保存袋中。

冷冻保质期 1个月
解冻加热方法 用微波炉解冻或直接烹饪

冷冻保质期 1个月
解冻加热方法 用微波炉解冻或直接烹饪

白菜

白菜常常一次吃不完，且易变质。快炒或煮过后再冷冻，可以用来炒菜和煮食。

炒制

1 切成大块，加盐和胡椒快炒。

2 冷却后，将一次使用的分量用保鲜膜包好，放入冷冻保存袋中。

冷冻保质期 1个月
解冻方法 用微波炉解冻或直接烹饪

生菜

将生菜在开水里过一下再冷冻。煮后分量减少，节省保存空间。解冻后直接用来炒饭和做汤。

煮

1 在开水里过一下后放入冷水中冷却，沥干水分。

2 将一次使用的分量用保鲜膜包好，放入冷冻保存袋中。

冷冻保质期 1个月
解冻方法 用微波炉解冻或直接烹饪

青菜

（菠菜、小松菜、
茼蒿、青梗菜等）

青菜类煮过后再冷冻更能保持其美味。小松菜虽然可以直接冷冻，但最多也只能保存一周。

 煮

1 在开水里过一下后放进冷水，沥干水分，切成便于食用的大小。

2 将一次使用的分量用保鲜膜包好，放入冷冻保存袋中。

冷冻保质期 1个月　　解冻加热方法 用微波炉解冻

韭菜

韭菜不容易走味，适合冷冻，因气味很浓，一定要先密封后再冷冻。

一次用量包好

切碎后，将一次使用的分量用保鲜膜包好，放入冷冻保存袋中。

注意
趁着新鲜冷冻，能保存很长时间。

冷冻保质期 3周
解冻加热方法 直接烹饪

葱

（大葱、香葱等）

作为装饰菜肴和作料的葱类，一般是切后再冷冻。

一次用量包好

葱横切后，将一次使用的分量用保鲜膜包好，放入冷冻保存袋中。

注意
冷冻的葱可直接作为作料使用，横切、斜切会有不同的用途。

冷冻保质期 3周
解冻加热方法 直接烹饪

芦笋

冷冻时容易粘黏在一起，应事先放在金属平盘上快速冷冻，再放入冷冻保存袋中。

煮

1 切掉根部硬的部分，将其他部分切成大小适宜的小段后用盐水煮一下。

2 放在金属平盘上，盖上保鲜膜快速冷冻。冻好后放入冷冻保存袋中。

冷冻保质期 1个月
解冻加热方法 用微波炉解冻或直接烹饪

西兰花·菜花

煮后冷冻起来便于使用。做便当时可直接食用。

煮

1 掰成小块过水煮。冷却后用纸巾吸干水分。

2 放在金属平盘上，盖上保鲜膜快速冷冻。冻好后放入冷冻保存袋中。

冷冻保质期 1个月
解冻加热方法 用微波炉解冻或直接烹饪

芹菜

买来的芹菜很难一次吃完，炒后冷冻亦可。冷冻后用来做汤和炒菜。

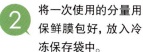

炒制

1 斜切成块，加少许盐和胡椒快炒，冷却。

2 将一次使用的分量用保鲜膜包好，放入冷冻保存袋中。

冷冻保质期 1个月　　解冻加热方法 用微波炉解冻或直接烹饪

西红柿

西红柿整个冷冻亦可! 但是因为外形容易被破坏，可以用来做番茄酱或煮西红柿。

直接放入保存袋中

去掉蒂子，放入冷冻保存袋。

注意
冷冻时有水，很容易去皮。冻后易磨成果酱。

冷冻保质期 3周
解冻加热方法 直接烹饪

切成块

1 用热水去掉皮放进冷水里，再去掉蒂，切成块。

2 将一次使用的分量用保鲜膜包好，放入冷冻保存袋中。

冷冻保质期 3周
解冻加热方法 直接烹饪

茄子

为了不改变口感，加热后再冷冻。经常用它做汤和炖煮，提前处理会很方便。

<table>
<tr><td>

烤制

 1 烤到表皮呈黑色，去皮后冷却。

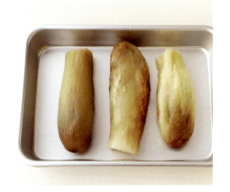

 2 每根用保鲜膜包好，放入冷冻保存袋中。

冷冻保质期 1个月
解冻加热方法 用微波炉解冻

</td><td>

油炸

 1 切成大小适宜的块，过油炸后冷却。

 2 将一次使用的分量用保鲜膜包好，放入冷冻保存袋中。

冷冻保质期 1个月
解冻加热方法 用微波炉解冻或直接烹饪

</td></tr>
</table>

黄瓜

黄瓜最重要的就是口感。盐渍后冷冻会保持其松脆的口感。

盐渍

 将黄瓜切成薄片后盐渍，然后洗掉盐分沥干水分。

将一次使用的分量用保鲜膜包好，放入冷冻保存袋中。

注意
黄瓜饱含水分，事先盐渍可以避免冷冻破坏其口感。

冷冻保质期 3周　　**解冻加热方法** 用微波炉解冻

西葫芦

切块后，过水煮再冷冻。非常适合做咖喱。

炒制

① 切成块，加少许盐和胡椒快炒，冷却。

② 放在金属平盘上，盖上保鲜膜快速冷冻。冻好后放入冷冻保存袋中。

冷冻保质期
1个月
解冻方法
直接烹饪

玉米

将玉米粒冷冻保存，烹饪时加到菜肴里会很方便。

煮

煮后冷却，用纸巾吸干水分。放在金属平盘上，盖上保鲜膜快速冷冻。冻好后放入冷冻保存袋中。

注意
将玉米粒放入锡硅胶杯中或放入冷冻保存容器亦可。

冷冻保质期 1个月
解冻加热方法 用微波炉解冻或直接烹饪

南瓜

南瓜煮后冷冻，解冻时会有很多水分。因此要用微波炉加热或做成泥状后再冷冻比较好。

用微波炉加热

1 取出种子，切成便于食用的大小。用微波炉加热到可以用筷子扎破的程度。

2 冷却后，放在金属平盘上，盖上保鲜膜快速冷冻。冻好后放入冷冻保存袋中。

冷冻保质期 1个月
解冻加热方法 用微波炉解冻或直接烹饪

做成泥状

1 取出种子，切成大块。用微波炉加热到可以用筷子扎破的程度，连皮一起捣碎。

2 将一次使用的分量用保鲜膜包好，放入冷冻保存袋中。

冷冻保质期 1个月
解冻方法 用微波炉解冻

甜椒·红辣椒

切成细丝，快速加热后冷冻。因口感会有所改变，可以用来装饰菜肴。

炒制

1 切成环状，加少许盐和胡椒快炒。

2 冷却后，放在金属平盘上，盖上保鲜膜快速冷冻。冻好后放入冷冻保存袋中。

注意
煮后冷冻即可。甜椒和红辣椒一起冷冻，可增加料理的色彩。切细亦可。

冷冻保质期 1个月
解冻加热方法 直接烹饪

秋葵

将买回来的秋葵冷冻起来，作为纳豆的最佳配料使用很方便。加热烹饪时直接用冷冻的即可。

煮

1 用盐去掉表皮的毛，过水煮后放进冷水里冷却，沥干水分。

2 按一定间隔放在金属平盘上，盖上保鲜膜快速冷冻。冻好后放进冷冻保存袋中。

注意
半解冻时黏液不易流出，容易切。

冷冻保质期 1个月
解冻加热方法 用微波炉半解冻或直接烹饪

胡萝卜

胡萝卜提前煮后冷冻，能保持其色彩和美味。切成细丝冷冻亦可。

切丝

1 去皮切成细丝。

> **注意**
> 切成大块直接冷冻容易干瘪，口感会变差，应切成细丝后再冷冻。

2 放在金属平盘上，盖上保鲜膜快速冷冻。冻好后放入冷冻保存袋中。

冷冻保质期 3周
解冻加热方法 用微波炉解冻或直接烹饪

煮

1 切成便于食用的大小煮，冷却后用纸巾吸干水分。

2 放在金属平盘上，盖上保鲜膜快速冷冻。冻好后放入冷冻保存袋中。

> **注意**
> 切成细丝或薄片煮后冷冻亦可。

冷冻保质期 1个月
解冻加热方法 用微波炉解冻或直接烹饪

萝卜

切成厚片冷冻，容易流失水分，口感变差。切成薄片或细丝冷冻会比较好。擦成丝也很方便。

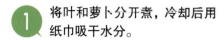

煮

1 将叶和萝卜分开煮，冷却后用纸巾吸干水分。

2 将叶和萝卜分别用保鲜膜包好，放入冷冻保存袋中。

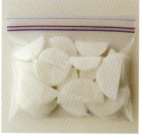

冷冻保质期
1个月

解冻加热方法
直接烹饪

擦丝

擦成丝后沥干水分，放入冷冻保存袋中。

注意
将保存袋摊平，使用时取出适量即可。

冷冻保质期 3周

解冻方法 自然解冻

牛蒡

切成薄片或细丝，不会影响口感，还会节省烹饪时间。

切片	煮

切片

1 切成薄片，放在醋里去涩味。

2 将一次使用的分量用保鲜膜包好，放入冷冻保存袋中。

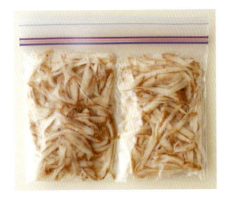

冷冻保质期 3周
解冻加热方法 用微波炉解冻或直接烹饪

煮

1 切成薄片煮。冷却后用纸巾吸干水分。

2 放在金属平盘上，盖上保鲜膜快速冷冻。冻好后放入冷冻保存袋中。

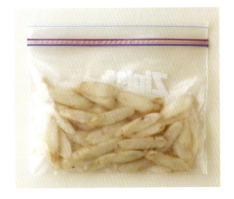

冷冻保质期 1个月
解冻加热方法 用微波炉解冻或直接烹饪

洋葱

冷冻后会破坏细胞，解冻时会变软，变得更美味。非常适合做咖喱。

炒制

 1 切成细丝后快炒。

 2 将一次使用的分量用保鲜膜包好，放入冷冻保存袋中。

冷冻保质期 1个月

解冻加热方法 用微波炉解冻或直接烹饪

切成末

将洋葱切成末，将一次使用的分量用保鲜膜包好，放入冷冻保存袋中。

注意
切碎冷冻细胞会被破坏，冻后可缩短烹制时间。

冷冻保质期
3周

解冻加热方法
用微波炉解冻或直接烹饪

土豆

冷冻后口感会变，做成土豆泥再冷冻比较好。非常适合做咖喱。

做成土豆泥

水煮或用微波炉加热后去皮。压碎后冷冻。将一次使用的分量用保鲜膜包好，放入冷冻保存袋中。

注意
做成土豆泥待冷却后再用保鲜膜包好。

冷冻保质期 1个月

解冻加热方法 用微波炉解冻

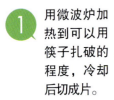

甘薯

甘薯富含食物纤维，不可直接冷冻。不仅可以用来做甘薯泥，而且作为断奶的食物也很好。

用微波炉加热

1 用微波炉加热到可以用筷子扎破的程度，冷却后切成片。

2 放在金属平盘上，盖上保鲜膜快速冷冻。冻好后放入冷冻保存袋中。

冷冻保质期 1个月
解冻加热方法 用微波炉解冻或直接烹饪

做成泥状

用微波炉加热到可以用筷子扎破的程度，捣碎冷却。将一次使用的分量用保鲜膜包好，放入冷冻保存袋中。

冷冻保质期 1个月
解冻方法 用微波炉解冻

日本山药·家山药

擦成泥保存会很方便。解冻时加热过度会变得很硬，自然解冻比较好。

擦成泥

擦成泥，将一次使用的分量用保鲜膜包成茶巾状，放入冷冻保存袋中。

注意
和萝卜擦成丝一样，按平后放入冷冻保存袋中即可。

冷冻保质期 3周
解冻方法 自然解冻

竹笋

竹笋一般不适合冷冻。直接冷冻会起蜂窝眼，不要忘记事先裹上一层白糖。

裹糖

1. 切成大小适宜的块，煮后去涩，冷却后用纸巾吸干水分，在表面撒上白糖。

2. 将一次使用的分量用保鲜膜包成茶巾状，放入冷冻保存袋中。

冷冻保质期 3周
解冻加热方法 用微波炉解冻或直接烹饪

藕

藕的美味就在于吃起来脆脆的口感。切成薄片去涩，直接冷冻也能保证其口感。

煮

1. 去皮，切成5~10mm的厚片，泡在醋水里。在加入少许醋的开水里煮后，放进冷水中冷却。

2. 用纸巾吸干水分，按一定间隔放在金属平盘上，盖上保鲜膜快速冷冻。冻好后放进冷冻保存袋中。

冷冻保质期 1个月
解冻加热方法 用微波炉解冻或直接烹饪

菌类

菌类不容易走味，很适合冷冻。事先用纸巾将水分吸干，能保持其美味。

直接放入保存袋中

去除沙子，切成大小适宜的块，放入冷冻保存袋中。

注意
菌类通常是几种一起使用，事先混合冷冻会很方便。

冷冻保质期 3周
解冻加热方法 用微波炉解冻或直接烹饪

用酱油调味

1 将菌类炒至软和，加少许酱油、料酒、糖调味。

注意
用盐和胡椒炒亦可。

2 冷却后，将一次使用的分量用保鲜膜包成茶巾状，放入冷冻保存袋中。

冷冻保质期 1个月
解冻加热方法 用微波炉解冻或直接烹饪

滑菇

买回来的滑菇连包装袋一起放入冷冻保存袋中，放进冰箱。

直接放入保存袋中

将未开封的整袋滑菇放入冷冻保存袋中。

冷冻保质期 3周
解冻加热方法 用微波炉解冻

豆芽

保存易变质的豆芽一定要冷冻。冷冻后可用来做汤。

煮

① 快速过水焯一下，放入冷水中冷却，沥干水分。

② 将一次使用的分量用保鲜膜包好，放入冷冻保存袋中。

冷冻保质期 1个月
解冻加热方法 用微波炉解冻或直接烹饪

四季豆·荷兰豆

四季豆、荷兰豆可增加菜肴的色彩。煮后冷冻能保持其口感。

煮

① 用盐水煮后放入冷水中冷却，捞起后用纸巾吸干水分。

注意
为了便于使用，切成大段煮后再冷冻。

② 放在金属平盘上，盖上保鲜膜快速冷冻。冻好后放进冷冻保存袋中。

冷冻保质期 1个月
解冻加热方法 用微波炉解冻或直接烹饪

毛豆・蚕豆・青豌豆

冷冻保存蚕豆和青豌豆，关键是要把它煮硬。

煮

1 用盐水煮硬。放入冷水中，取出后放在金属平盘上冷却，用纸巾吸干水分。

2 放在金属平盘上，盖上保鲜膜快速冷冻。冻好后放进冷冻保存袋中。

冷冻保质期 1个月
解冻加热方法 用微波炉解冻或直接烹饪

大蒜

一次未用完的大蒜切碎后，按一次使用的分量分开冷冻，以后直接拿来使用。

一次用量包好

将大蒜切碎，将一次使用的分量用保鲜膜包好，放入冷冻保存袋中。

注意
不要切的太碎，每瓣分开冷冻亦可。

冷冻保质期 3周
解冻加热方法 用微波炉解冻或直接烹饪

三叶芹

三叶芹冷冻后口感会变软和。凉拌食用很美味。

直接放入保存容器中

切成适中长度后直接放入冷冻保存容器里。

冷冻保质期	3周
解冻加热方法	直接烹饪

绿紫苏

冷冻的绿紫苏会变脆。直接捣碎后可以作为作料来使用。

单片包好

将一次使用的片数分别包好，放入冷冻保存袋中。

冷冻保质期	3周
解冻加热方法	直接使用

野姜

野姜经常作为作料来使用。切成薄片或细丝保存，根据不同料理来使用。

一次用量包好

切成适宜大小后，将一次使用的分量用保鲜膜包好，放入冷冻保存袋中。

冷冻保质期	3周
解冻加热方法	直接烹饪

生姜

多数是切成末或擦成泥来使用，所以冷冻前提前处理比较好。

一次用量包好

切碎后，将一次使用的分量用保鲜膜包好，放入冷冻保存袋中。

注意
擦成泥分开冷冻亦可。

冷冻保质期 3周
解冻加热方法 直接使用

香芹

容易剩下的香芹可以冷冻保存。冻好后用手揉搓，节省了将其切碎的时间。

直接放入保存袋中

用纸巾吸干水分，放入冷冻保存袋中。

注意
冻好后再揉搓，可以将其弄得很碎。

冷冻保质期 3周
解冻加热方法 直接烹饪

麝香草·罗勒·迷迭香

买完后很难一次用完，又不经常使用。剩余的可冷冻保存。

一次用量包好

将每次使用的分量分别包好，放入冷冻保存袋中。

冷冻保质期 3周
解冻方法 直接使用

薄荷

冷冻后颜色变淡但香味不变。冷冻时要用纸巾吸干水分，分成小份放入冷冻保存袋中。

冻成冰

放入制冰容器里，加水冷冻。

注意
在红茶等饮品中放入薄荷冰块别有一番风味。

冷冻保质期
3周

解冻加热方法
直接用薄荷冰块

萝卜干·干海藻

将萝卜干和干海藻泡水后再冷冻，节省料理时间。

水发

泡水后，轻轻沥干水分放入冷冻保存袋中。

冷冻保质期 3周
解冻加热方法 用微波炉解冻或直接烹饪

魔芋·粉丝

魔芋冷冻后口感会变，做成像高野豆腐那样的海绵状，成为"冻魔芋"。

直接放入保存袋中

将未开封的魔芋连同包装袋一起放入冷冻保存袋中。

注意
冷冻后很容易入味。富含汤汁，便于煮食。

冷冻保质期 3周
解冻加热方法 用微波炉解冻或直接烹饪

大豆制品

豆腐

冷冻后水分流失，变成高野豆腐那样的口感。解冻后沥干水分用来煮食。

直接放入保存袋中

将未开封的豆腐连同包装袋直接放入冷冻保存袋中，解冻后，去掉水分使用。

注 意
冷冻后变成海绵状，容易入味，很适合用来煮食。

冷冻保质期 2~3周
解冻方法 放到耐热的盘子里，用微波炉解冻

油炸豆腐

切成便于使用的大小，将冻好的干巴巴的豆腐取出，加到味噌汤里十分方便。单片冷冻亦可。

快速冷冻

切成适中大小后，放在金属平盘上，盖上保鲜膜快速冷冻。冻好后放入冷冻保存袋中。

注 意
每片用保鲜膜包好，放入冷冻保存袋中亦可。切成三角形，加入乌冬面里。

冷冻保质期 1个月
解冻加热方法 直接烹饪

过油豆腐

容易变质，比起冷藏，冷冻更好。和豆腐一样，冷冻后口感会变，容易入味，很适合煮食。

单片包好

在开水里过一下去油后，每片用保鲜膜包好，放入冷冻保存袋中。

注意

切成便于使用的大小后用保鲜膜包好冷冻亦可。

冷冻保质期 2~3周
解冻方法 用微波炉解冻

纳豆

即使冷冻也不会改变其味道和黏性。可连同包装一起冷冻。

直接放入保存袋中

将未开封的纳豆连同包装一起放进冷冻保存袋中。

注意

开封后用酱油调味，将一次使用的分量用保鲜膜包好，放入冷冻保存袋中。

冷冻保质期
1个月
解冻方法
放到耐热的盘子里，用微波炉解冻

豆腐渣

易变质的豆腐渣一定要冷冻保存。用油炒一下后再冷冻比较好。

一次用量包好

将一次使用的分量用保鲜膜包好，放入冷冻保存袋中。

注意

只能冷藏2~3天，冷冻则能保存1个月左右。

冷冻保质期
1个月
解冻方法
用微波炉解冻

75

水果类

草莓

裹上糖后冷冻不容易失水，做成果酱和沙司后口感也不会变。

> 快速冷冻

去蒂后，按一定间隔放在金属平盘上，盖上保鲜膜快速冷冻。冻好后放进冷冻保存袋中。

注意
裹上糖或糖汁后冷冻容易保持其风味和色彩。

冷冻保质期 2~3周
解冻方法 直接食用

猕猴桃

猕猴桃水分多，在半解冻时吃最好。裹上糖后再冷冻，可成为果冻。

> 快速冷冻

去皮切片，按一定间隔放在金属平盘上，盖上保鲜膜快速冷冻。冻好后放进冷冻保存袋中。

冷冻保质期 2~3周
解冻方法 直接食用

菠萝

冻后直接食用，口感清脆。冷冻前切成便于食用的大小会很方便。

快速冷冻

切成大小适中的块，按一定间隔放在金属平盘上，盖上保鲜膜快速冷冻。冻好后放进冷冻保存袋中。

冷冻保质期
2~3周
解冻方法
直接食用

橙子·葡萄柚

和柑橘（P8）一样，整个冷冻即可。冻后直接或半解冻后食用。

快速冷冻

去皮切成大小适中的块，按一定间隔放在金属平盘上，盖上保鲜膜快速冷冻。冻好后放进冷冻保存袋中。

冷冻保质期 2~3周
解冻方法 直接食用

甜瓜·西瓜

甜瓜和西瓜水分很多。冷冻后可直接食用。和糖汁一起放进榨汁机里，可做成新鲜果汁。

快速冷冻

去掉皮和种子，切成大小适中的块，按一定间隔放在金属平盘上，盖上保鲜膜快速冷冻。冻好后放进冷冻保存袋中。

注意
因为水分很多，解冻后口感会变，冻后直接食用比较好。

冷冻保质期 2~3周
解冻方法 直接食用

柿子

将整个柿子冷冻即可。完全解冻后会变软，半解冻时会有海绵状的口感。

直接放入保存袋中

整个放入冷冻保存袋中。

注意
冻好后切掉蒂，掰开后用勺子舀着吃，是不错的甜品。

冷冻保质期
2~3周
解冻方法
直接食用

柑橘

一次买回来很多的柑橘，吃腻后，不妨试一下冷冻柑橘。

直接放入保存袋中

将柑橘整个放进冰箱冷冻室里，冻2个小时。淋上凉水在表皮形成一层冰膜后，放入冷冻保存袋中。

冷冻保质期 2~3周
解冻方法 直接食用

香蕉

解冻后颜色会变，也会变软，因此冻好后直接食用即可。放到烤松糕里做成香蕉蛋糕也不错。

单根包好

剥皮后，用保鲜膜将每根包好放入冷冻保存袋中。

注意
切成薄片或切成容易放进榨汁机里的大小亦可。

冷冻保质期 2~3周
解冻方法 直接食用

苹果

苹果水分较多，解冻后容易渗出水分。冷冻前擦成泥或切成薄片后加热一下比较好。

擦成泥

去皮擦成泥。为防止变色加少许柠檬汁一起冷冻。

注意
用做咖喱的提味料使用时，味道会变得很柔和。

冷冻保质期 2~3周
解冻方法 用微波炉解冻

甜煮

1 加入适量的糖煮一煮，完成后加少许柠檬汁。

2 冷却后放入冷冻保存袋中。

注意
可以用来做苹果派。解冻后加入冰淇淋或烤松糕即可。

冷冻保质期 1个月
解冻方法 用微波炉解冻。用做调味汁时要解冻加热

梨

冷冻后口感会变，最好在半解冻时食用。
不注重口感的话，可以做成蜜饯。

直接放入保存袋中

用保鲜膜包好，放入冷冻保存袋中。

冷冻保质期 2~3周
解冻方法 直接食用

鳄梨

在鳄梨里加入少许柠檬汁能防止其变色。
做成果酱后冷冻可加在沙拉里。

切块包好

1 去掉皮和种子，切成大小适宜的块，加少许柠檬汁。

2 每块分别用保鲜膜包好，放入冷冻保存袋中。

冷冻保质期 2~3周
解冻方法 直接食用

葡萄

洗完后沥干水分再冷冻。冻好后去皮做成冷冻甜品。

快速冷冻

分粒带皮放在金属平盘上，盖上保鲜膜快速冷冻。
冻好后放进冷冻保存袋中。

注意
冻好后加水去皮会很简单。

冷冻保质期 2~3周
解冻方法 直接食用

柠檬

切成片冷冻可以做柠檬茶或菜肴的提味品。

直接放入保存袋中

切成片后不要重叠放入冷冻保存袋中。

注意
想保存柠檬汁的话，将其倒入制冰器冷冻即可。（与P85的鲜汁汤相同）

| 冷冻保质期 | 2~3周 |
| 解冻方法 | 直接食用 |

蜜饯

切片的柠檬裹上适量蜂蜜，放进冷冻保存容器里。

| 冷冻保质期 | 2~3周 |
| 解冻方法 | 直接食用 |

酸橘·柚子

酸橘和柚子的香味很浓。将皮切碎冷冻也有用途。榨出的汁放入制冰器皿里冷冻亦可。

直接放入保存袋中

整个放入冷冻保存袋中。

注意
冷冻后用刀削下的表皮也可以使用。

冷冻保质期
2~3周

解冻方法
自然解冻

覆盆子·越橘

冷冻后很适合做果酱。加到酸奶或松饼里更好。

快速冷冻

放在金属平盘上，盖上保鲜膜快速冷冻。冻好后放进冷冻保存袋中。

冷冻保质期	2~3周
解冻方法	用微波炉解冻

栗子

栗子水分少适合冷冻。冷冻前在开水里煮一下，方便卫生。

直接放入保存袋中

带壳或去壳放入冷冻保存袋中。

冷冻保质期	1个月
解冻方法	直接食用

直接放入保存袋中

直接放入保存袋中

坚果

开封后放置会变潮，应尽早冷冻。冷冻后很容易恢复到室温状态，直接食用即可。

冷冻保质期	1个月
解冻方法	直接食用

鸡蛋·乳制品

鸡蛋

蛋黄冷冻后口感会变，最好不要冷冻保存。冷冻的蛋白可当作蛋白酥来做点心。

只保存蛋白

将一次使用的分量用保鲜膜包成茶巾状，放入冷冻保存袋中。

冷冻保质期 1个月
解冻方法 用微波炉解冻。少量时自然解冻。

制作煎蛋

制作煎蛋。冷却后，将一次使用的分量用保鲜膜包好，放入冷冻保存袋中。

注意
做成蛋卷时不必留空间紧凑冷冻即可。

冷冻保质期 2周
解冻方法 用微波炉解冻

酸奶

解冻后虽能恢复原来的口感，半解冻时食用会有果冻的口感。

直接放入保存袋中

加糖的酸奶未开封连同包装一起放入冷冻保存袋中。

注意
无糖的原味酸奶冷冻后会有分离，加入糖或果酱后再冷冻。

冷冻保质期 1个月
解冻方法 用微波炉解冻

奶酪

奶酪水分少冷冻后口感不易变，所以做披萨用的奶酪和硬奶酪适合冷冻。

一次用量包好

将一次使用的分量用保鲜膜包成茶巾状，放入冷冻保存袋中。

注意
柔皮白奶酪和加工干酪亦可以冷冻，但冻后口感会变。

冷冻保质期
1个月
解冻方法
直接使用

黄油

切成大小适中的块冷冻。取时很方便，解冻也快。

单块包好

切成大小适中的块，每块用保鲜膜包好，放入冷冻保存袋中。

冷冻保质期 1个月
解冻方法 直接使用

搅打后一次用量包好

鲜奶油

鲜奶油直接冷冻会有分离，应搅打后再冷冻。

加适量糖搅打后，将一次使用的分量用保鲜膜包成茶巾状，放入冷冻保存袋中。

注意
剩余部分放在金属平盘上，按照一口大小挤出冷冻，冻好后可直接加在咖啡里。

冷冻保质期 1个月
解冻方法 用微波炉解冻

调味料·饮料·甜品

香辛料

比起常温或冷藏保存，冷冻可以防潮，保持其风味。即使开封后再冷冻亦可长时间保存其风味。

直接放入保存袋中

连同包装一起放入冷冻保存袋中。

注意

为了让其香味不窜到其他食材或冰箱里，一定要密封保存。

冷冻保质期 据香辛料的保质期而定
解冻方法 直接使用

鲜汤汁

烹饪时做鲜汤汁很费时。用制冰器制成冰块状，使用时取出适量即可，可提升菜肴的美味。

制成冰块

用制冰器皿冷冻。

注意

冻好的鲜汤汁从制冰器皿里取出放入冷冻保存袋中，节省空间。

冷冻保质期 2周
解冻方法 直接使用

茶叶·咖啡豆

开封前连包装一起冷冻即可。开封后为了让其香味不窜到其他食材里，要密封后保存。

直接放入保存袋中

封紧包装袋的口后放入冷冻保存袋中。

冷冻保质期 1个月
解冻方法 从冷冻室取出后立即使用

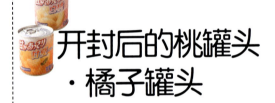

开封后的桃罐头·橘子罐头

连汁一起冷冻能保持其湿软的口感。半解冻时口感爽脆美味。

放入冷冻保存容器

连汁一起放入冷冻保存容器。

冷冻保质期 1个月
解冻方法 冷冻状态直接使用

果酱·蜂蜜·糖浆

装在瓶子里容易打碎，将一次使用的量分开包装比较好。

一次用量包好

将果酱分成一次使用的量用保鲜膜包好，放入冷冻保存袋中。

注意
放进冰箱冷藏室很容易凝固的蜂蜜，冷冻后就不易凝固。像蜂蜜等液体和鲜奶油一样，用保鲜膜包成茶巾状，放入冷冻保存袋中。

冷冻保质期 1个月
解冻方法 直接使用。果酱用微波炉解冻。

馅料

很难一次用完的馅料，冷冻后用热水溶开，变成年糕豆沙汤。

一次用量包好

将一次使用的量用保鲜膜包好，放入冷冻保存袋中。

冷冻保质期
1个月

解冻方法
用微波炉解冻或直接食用

日式点心·蛋糕

为了不让外形破坏，放进深的容器里。还要注意不要使用草莓等冷冻后口感会变的水果。

单个包好

单个用保鲜膜包好，放入冷冻保存容器里。

注意
冷冻保存容器倒过来使用，取出点心时会很方便。

冷冻保质期 2周
解冻加热方法 用微波炉半解冻或在冰箱冷藏室自然解冻

曲奇

为防止变潮开封后应立即冷冻。食用前用烤面包机加热一下会变得很松脆。

直接放入保存袋中

直接放入冷冻保存袋中。

冷冻保质期 1个月
解冻加热方法 自然解冻或用烤面包机解冻加热

不能冷冻的食材

大部分食材冷冻后都能保持其美味，但也有例外，不要一不小心就将其冷冻。

蛋黄酱

冷冻后蛋黄和油会分离。加到其他食材里有时也可以。

山菜

即使是生的山菜加热也不行。加热会让山菜的纤维感增强，变得难吃。

啤酒·碳酸饮料

不论灌装还是瓶装，碳酸膨胀后会导致瓶体破裂。

鸡蛋（蛋黄）

加热后蛋黄会变得干巴巴的。生鸡蛋不能冷冻，即使加热后也不行。

油类

冷冻后油分会凝固，常温保存比较好。

料酒

冷冻后糖分会凝固，常温保存即可。

第 **3** 章

用冷冻食材快速烹饪

下面介绍在10分钟内用冷冻食材就能做出的菜肴。
使用事先处理过的食材不用花时间即可做出美味的料理。
能迅速解决家人的饥饿感。

主食

猪牛肉混合盖饭

烹饪时间 约8分钟

猪牛肉混合盖饭是将牛肉盖饭和猪肉盖饭混合起来的新口味。在既想吃牛肉盖饭又想吃猪肉盖饭时，这种混合盖饭最好不过了。洋葱和红姜突出了其色彩和美味。

材料 (2人份)

- 冷冻 米饭 ……两碗的分量
- 冷冻 牛肉薄切片 ⓑ……80g
- 冷冻 猪肉薄切片 ⓒ……80g
- 冷冻 炒洋葱(细丝) ⓓ……1/4个(30g)
- 冷冻 葱(横切片) ⓔ……少量
- 红姜……少量
- Ⓐ
  - 酱油……1大匙
  - 料酒……1大匙
  - 酒……1大匙
  - 糖……1/2匙
- 色拉油……少量

ⓐ→P26

ⓑ→P34

ⓒ→P30

ⓓ→P65

ⓔ→P55

制作方法

1 切牛肉和猪肉

取出牛肉和猪肉各一块，切成便于食用的大小。

2 制作配菜

在平底锅倒入色拉油预热，炒制冷冻的洋葱。加入❶炒制，再加Ⓐ煮。

3 盛到碗里

用微波炉加热冷冻的米饭，盛到碗里。放上❷，撒上葱和红姜。

田园风味乌冬面

烹饪时间
约8分钟

令人怀念的美味乌冬面非常适合做夜宵。配菜较多，要花很长时间，但使用冷冻食材就可在短时间内完成。冻年糕直接在烤面包机上烤一下即可。

材料（2人份）

- 冷冻 煮乌冬面 ⓐ ……两团面
- 冷冻 鸡腿肉 ⓑ ……1/2份（150g）
- 冷冻 鱼糕（细丝）ⓒ ……60g
- 冷冻 炒白菜（大块）ⓓ ……100g
- 冷冻 油炸豆腐 ⓔ ……1/2块（10g）
- 冷冻 菌类 ⓕ ……50g
  （蟹味菇：小块；杏鲍菇：半根切成4段）
- 冷冻 葱（斜切片）ⓖ ……4片
- 冷冻 年糕 ⓗ ……2块
- Ⓐ 老抽（2倍浓缩）……3/4杯
  水……2杯
  七香辣椒粉……少量

ⓐ→P28　ⓑ→P38　ⓒ→P52

ⓓ→P54　ⓔ→P74　ⓕ→P68

ⓖ→P55　ⓗ→P27

制作方法

1　准备配料

从冰箱里取出油炸豆腐自然解冻。冷冻的鸡腿肉用微波炉半解冻，切成2~3cm大小。将解冻好的油炸豆腐切成便于食用的三角形。冷冻的年糕直接用烤面包机烤一下。

2　制作卤汁

在锅里加入Ⓐ烧至沸腾，再加入①的鸡腿肉和油炸豆腐、冷冻的鱼糕、冷冻的炒白菜、冷冻的菌类、冷冻的葱片开火煮。

3　煮乌冬面

在②里加入冷冻煮过的乌冬面，使之完全融合。

4　盛到碗里

将③盛到碗里，放上①的年糕，根据自己的喜好撒上少量的七香辣椒粉。

花蛤海藻意大利面

烹饪时间

约**5**分钟

在花蛤意大利面里加入海藻，更能增添大海的味道。因富含食物纤维和矿物营养元素，营养丰富。除了调味料以外都是冷冻食材。大蒜和红辣椒的用量根据自己的口味而定。

材料（2人份）

- `冷冻` 煮过的意大利面 ⓐ……200g
- `冷冻` 带壳的花蛤ⓑ……230g
- `冷冻` 煮过的西兰花ⓒ……4瓣
- `冷冻` 炒洋葱(细丝)ⓓ……1/4个(30g)
- `冷冻` 海藻ⓔ……4大匙(30g)
- `冷冻` 大蒜(切末)ⓕ……1份(7g)
- Ⓐ［ 酱油……2小匙
   盐、胡椒……各少量
   红辣椒(切成环状)……1根
   白葡萄酒……1大匙
   橄榄油……1大匙

ⓐ→P29

ⓑ→P50

ⓒ→P56

ⓓ→P65

ⓔ→P73

ⓕ→P70

制作方法

1 将西兰花切碎

用微波炉半解冻煮过的西兰花，切成1~2cm大小。

2 解冻意大利面

用微波炉解冻煮过的意大利面。

3 炒制配菜

在平底锅里倒入橄榄油预热，依次放入大蒜、炒洋葱、带壳的花蛤，加入白葡萄酒，盖上锅盖蒸煮。待花蛤开口后加入❶、海藻、红辣椒，炒制均匀。

4 将配料和意大利面混合

在❸里加入❷，用Ⓐ调味。

豪华散寿司饭

烹饪时间 约8分钟

适合庆祝节日时食用的散寿司饭用冷冻食材烹饪，更能节省时间。招待突然来访的客人也不错。鲑鱼子和橙色的虾、黄色的鸡蛋丝、绿色的毛豆，色彩搭配抢眼。

材料（2人份）

- **冷冻** 米饭 ⓐ ……2碗
- **冷冻** 煮过的虾 ⓑ ……6条
- **冷冻** 煮过的毛豆 ⓒ ……1杯量（95g）
- **冷冻** 煮过的胡萝卜（细丝）ⓓ ……1/4根（45g）
- **冷冻** 鸡蛋卷 ⓔ ……1个鸡蛋的量（50g）
- **冷冻** 鲑鱼子 ⓕ ……2大匙（30g）
- 醋寿司（市卖品）……2大匙
- 白芝麻……1大匙

ⓐ→P26
ⓑ→P48
ⓒ→P70
ⓓ→P62
ⓔ→P83
ⓕ→P51

制作方法

1 准备配菜

解冻从冰箱里拿出来的鲑鱼子。用微波炉解冻鸡蛋卷，然后切成细丝。

2 做醋饭

用微波炉加热冷冻的米饭，淋上寿司醋，然后加入白芝麻。

3 准备配料

解冻虾、毛豆、胡萝卜。虾去皮，从豆荚里取出豆子。

4 混合醋饭和配料，装盘

❷和❸混合后装盘，撒上❶装饰色彩。

主菜

意大利风味烤猪肉

烹饪时间

约10分钟

厚片猪肉和芦笋融合在奶酪里产生粘稠的口感，是典型的意大利风味嫩煎。来自西红柿的水分做出爽口的酱汁。使用事先用盐和胡椒调味的猪肉就无需调味料了。

材料（2人份）

冷冻 猪肉厚切片（盐和胡椒即可）……2片

冷冻 煮过的芦笋（5~6cm的长条）
　　　　 b ……2根（40g）

冷冻 西红柿（切块）**c** ……1/2个（70g）

冷冻 披萨用奶酪**d** ……60g
　　　　 橄榄油……2小匙

a➡P32

b➡P56

c➡P57

d➡P84

制作方法

1 切猪肉

用微波炉半解冻冷冻的厚片猪肉，然后切成2~3cm的片。

2 烤猪肉，加蔬菜

在平底锅里倒入橄榄油预热，将猪肉放进去两面煎。加入芦笋炒，淋上冷冻的西红柿挤出的汁。

3 加入奶酪，烘烤

在**2**上撒上披萨用奶酪，盖上锅盖，待奶酪溶化后用温火烘烤熟即可。

洋葱煮牛肉

烹饪时间
约**8**分钟

用冷冻食材和普通调味料做出的简单洋葱煮牛肉。代替蔬菜肉酱沙司使用西餐汤里的原料、蕃茄酱汁、伍斯特沙司。非常适合配米饭和面包。

材料（2人份）

- 冷冻 牛肉薄切片 **a** ……150g
- 冷冻 炒洋葱（细丝）**b** ……1/4个（30g）
- 冷冻 炒菌类 **c** ……60g
  （香菇切丝2个、金针菇半捆）
- 冷冻 炸茄子（切块）**d** ……1个（60g）
- 冷冻 大蒜（切末）**e** ……1瓣（7g）
- 冷冻 香芹菜 **f** ……少量

A ┌ 洋葱汤的原料……1/2个
　　 蕃茄酱汁……3大匙
　　 伍斯特沙司……1/2大匙
　　└ 盐、胡椒……各少量
　　 盐、胡椒……各少量
　　 橄榄油……2小匙

a → P34
b → P65
c → P68
c → P58
e → P70
f → P72

制作方法

1 切牛肉调味

用微波炉半解冻冷冻的牛肉薄切片，切成便于食用的大小，用盐和胡椒调味。

2 炒配菜，调味

在平底锅里倒入橄榄油预热，依次加入大蒜、洋葱炒制。再加入菌类，最后加 **A** 混合。

3 加热煮炸茄子

在 **2** 里加入炸茄子，煮到茄子变热。

4 装盘

装盘，撒上捣碎的香芹菜。

辣蒸鸡肉

烹饪时间 约**10**分钟

用平底锅烤鸡肉、炒菜，然后一起蒸煮。蔬菜吸收了鸡肉流出的油脂，变得美味。用两种不同的红辣椒铺盘后放上鸡肉，一道豪华的菜肴完成了。

材料（2人份）

- 冷冻 鸡腿肉ⓐ……1个（300g）
- 冷冻 炒洋葱（细丝）ⓑ……1/4个（30g）
- 冷冻 煮胡萝卜（切片）ⓒ……1/4根（45g）
- 冷冻 炒芹菜（斜片）ⓓ……1/2根（45g）
- 冷冻 炒红辣椒（红黄两色切丝）ⓔ……各1/2个（共120g）
- 小麦粉……少量
- Ⓐ ┌ 洋葱汤的原料……1个
  │ 白葡萄酒……1/2杯
  └ 百里香……少量
- 红辣椒粉……1小匙
- 盐、胡椒……各少量
- 橄榄油……1大匙半
- 百里香（装饰用）……少量

ⓐ→P38

ⓑ→P65

ⓒ→P62

ⓓ→P57　　　ⓔ→P61

制作方法

1　烤鸡肉

用微波炉半解冻鸡腿肉切成两半，撒上盐、胡椒、小麦粉。在平底锅里加入1大匙橄榄油预热，放入鸡肉煎至双面发黄后取出。

2　炒蔬菜，加入鸡肉和辣椒

在平底锅倒进1/2大匙橄榄油，炒洋葱、胡萝卜、芹菜。把❶的鸡肉放回锅里，上面再放上红辣椒。

3　调味，蒸煮

在❷里加入Ⓐ，撒上红辣椒粉，盖上盖子，开火蒸煮。

4　装盘

装盘后放上百里香。

梅干洋葱多层猪排

烹饪时间
约**10**分钟

由猪肉薄切片、梅肉、葱烹饪出的特色猪排。外皮酥脆，猪肉里渗入梅肉和葱的香味，松软多汁。为使外形完整需在平底锅里炸制。

材料（2人份）

- 冷冻 猪肉薄切片（里脊肉）ⓐ……10片
- 冷冻 葱（切末）ⓑ……4大匙（20g）
- 冷冻 面包粉ⓒ……1杯
- 梅干……2个
- 面粉……2~3大匙
- 鸡蛋……1/2个
- 盐、胡椒……各少量
- 色拉油……适量
- 卷心菜……2~3片
- 小西红柿……4个

ⓐ➡P30

ⓑ➡P55

ⓒ➡P29

制作方法

1 给猪肉调味

用微波炉解冻猪肉薄切片，每片撒上少许盐和胡椒。

2 在肉片中间填料

取出梅干，用手撕碎。把梅干和葱填充到肉片之间。每5片肉叠在一起，制作2组。

3 裹上外衣炸制

依次裹上面粉、搅好的蛋液、面包粉。在平底锅倒入色拉油，炸制。

4 装 盘

切成便于食用的大小装盘，旁边装饰切成细丝的卷心菜和半月形的小西红柿。

酱炒剑鱼

烹饪时间
约5分钟

淡味的剑鱼和甜味噌烹饪出的美味让人胃口大增。剑鱼盛产于11月至次年2月份，一次多买些剑鱼冷冻起来，大家不妨试一下。

材料（2人份）

- 冷冻 剑鱼ⓐ……2片
- 冷冻 炒卷心菜（切块）ⓑ……2~3片（110g）
- 冷冻 炒洋葱（细丝）ⓒ……1/4个（30g）
- 冷冻 煮四季豆（切大块）ⓓ……2~3根（20g）
- Ⓐ 味噌……2大匙
  糖……1大匙半
  酒……1大匙
- 盐、胡椒……各少量
- 色拉油……3小匙
- 黑芝麻……少量

ⓐ→P46

ⓑ→P53

ⓒ→P65

ⓓ→P69

制作方法

1　烤剑鱼

用微波炉半解冻剑鱼，切成4~5cm大小，用盐和胡椒调味。在平底锅倒入2小匙色拉油预热，将剑鱼两面煎好后取出。

2　炒蔬菜和剑鱼，调味

在平底锅加入1小匙色拉油，依次放进洋葱、卷心菜、四季豆炒制。倒入❶、Ⓐ炒制混合。

3　装盘

装盘，撒上黑芝麻。

腌炸竹荚鱼

烹饪时间 约8分钟

在刚炸好的竹荚鱼上加入带汁的洋葱和两种颜色的甜椒一起腌渍。趁热腌渍能在短时间入味，蔬菜也能很好地解冻，一举两得。

材料（2人份）

冷冻 竹荚鱼（3片）ⓐ ……2条（4片）
冷冻 炒洋葱（细丝）ⓑ ……1/8个（15g）
冷冻 炒青甜椒（切成环状）ⓒ ……1/2个（15g）
冷冻 炒红甜椒（切成环状）ⓓ ……1/2个（15g）
　　小麦粉……适量

Ⓐ
　酱油……1大匙
　醋……1大匙半
　糖……1大匙
　红辣椒（切成环状）……1个
　水……1大匙
　　盐、胡椒……各少量
　　色拉油……适量

ⓐ→P43

ⓑ→P65

ⓒ→P61

ⓓ→P61

制作方法

1 给竹荚鱼调味，裹上外衣

在竹荚鱼上撒上少许盐和胡椒调味，再裹上面粉。

2 制作腌渍汤汁

在平底盘上加入Ⓐ，再加入洋葱、青甜椒、红甜椒。

3 炸制竹荚鱼，浇上腌渍汤汁

在平底盘里倒入色拉油预热，放进❶开火炸好后取出。趁热浇上腌渍汤汁。

配菜

凉拌卷心菜和甜椒拌饭

用大蒜和芝麻、酱油做出的拌饭也可以加入其他蔬菜。

材料（2人份）

冷冻	煮过的卷心菜（切成块）
	ⓐ……2片（100g）
冷冻	煮过的甜椒（切成环状）
	ⓑ……1个（30g）

葱……5cm长
姜……1/2倍
大蒜……1/2倍

Ⓐ
- 酱油……2小匙
- 糖……1小匙
- 白芝麻……2大匙
- 芝麻油……1小匙

烹饪时间 约8分钟

ⓐ→P53

ⓑ→P61

制作方法

1 制作拌饭的调料汁

将葱、姜、大蒜切碎，加入Ⓐ（葱、姜、大蒜使用冷冻的也可以）。

2 将蔬菜和调料汁拌一下

用微波炉解冻卷心菜和甜椒，加入❶拌匀即可。

黄油清炒明太鱼子

绿色荷兰豆上点缀粉色的明太鱼子，做出赏心悦目的菜肴。搭配啤酒更佳。

材料（2人份）

冷冻 煮过的荷兰豆ⓐ……50g
冷冻 煮过的四季豆（切成大块）
　　　　　　　　ⓑ……50g
冷冻 明太鱼子ⓒ……1/2个
　　黄油……2小匙
　　盐、胡椒……各少量

ⓐ➡P69

ⓑ➡P69

ⓒ➡P51

制作方法

1 揉开明太鱼子

用微波炉半解冻明太鱼子，去掉薄皮，边揉搓边解冻。

2 炒蔬菜，调味

在平底锅中融化黄油，炒制荷兰豆和四季豆。加入❶炒到一起，用盐和胡椒调味。

小松菜炒杂鱼

小松菜炒杂鱼富含钙质。加在米饭上也很美味。

材料（2人份）

- 冷冻 杂鱼干ⓐ……3大匙（12g）
- 冷冻 煮过的小松菜（切成大块）
  ⓑ……1/2捆（150g）
- 冷冻 煮过的玉米ⓒ……50g
- 冷冻 大蒜（切末）ⓓ……1瓣（7g）
  盐、胡椒……各少量
  芝麻油……2大匙

烹饪时间
约**5**分钟

ⓐ→P52

ⓑ→P55

ⓒ→P59

ⓓ→P70

制作方法

1 准备配菜

用微波炉半解冻小松菜和玉米。将玉米拆成便于食用的大小。

2 炒配菜，调味

在平底锅里倒入芝麻油预热，加入杂鱼干炒至焦黄色，再加入大蒜炒制。最后放进❶混炒，用盐和胡椒调味。

山药味噌汤

使用事先准备好的冷冻食材做味噌汤，大大节省了时间。

材料（2人份）

- 冷冻 油炸豆腐 a ……1/2块（10g）
- 冷冻 山药（擦成泥）
  - b ……4大匙（80g）
- 冷冻 煮过的秋葵 c ……2根
- 鲜汁汤……2杯
- 味噌……2大匙

a →P74

b →P66

c →P61

烹饪时间 约5分钟

制作方法

1 准备配菜

从冰箱里拿出油炸豆腐自然解冻。用微波炉解冻山药。将秋葵半解冻，切成小片。

2 将汤汁和配菜融合在一起

烧开鲜汁汤，加入油炸豆腐煮，再加入味噌，放进山药泥，撒上秋葵。

甜品
草莓铜锣烧

用烤松糕制作很简单。和孩子一起做花奶油蛋糕也是一种乐趣。

材料（2人份）

- 冷冻 烤松糕**a** ……2块
- 冷冻 草莓（擦成泥）**b** ……8个
- 冷冻 豆沙馅**c** ……8大匙（160g）
- 冷冻 搅打的奶油**d** ……适量
  糖……2小匙
  薄荷……少量

烹饪时间
约**10**分钟

a➡P28

b➡P76

c➡P87

d➡P84

制作方法

1 制作馅料

用微波炉半解冻草莓并捣碎，加入糖。用微波炉解冻豆沙馅。

2 切烤松糕

用微波炉半解冻烤松糕并切开，放置至完全解冻。

3 装饰

将解冻的搅打奶油放在底层松糕上，再放上**❶**，盖上另一半松糕，最后装饰上薄荷。

香蕉酪乳

将冷冻的香蕉和酸奶直接混合即可。香蕉用量根据自己的口味适量添加。

材料（2人份）

- `冷冻` 香蕉 a ……2根（300g）
- `冷冻` 酸奶 b ……1杯（210g）
- 搅打的奶油 c ……适量
- `冷冻` 糖……3大匙
- 板状巧克力糖……少量

a → P78

b → P83

c → P84

烹饪时间
约 **5** 分钟

制作方法

1

准备搅打奶油

从冰箱里拿出搅打的奶油，解冻。

2

制作拉西酪乳

将香蕉和酸奶混合，加糖搅拌后放入玻璃杯中。挤出奶油，撒上削成末的巧克力。

葡萄柚果冻

烹饪时间
约**5**分钟

葡萄柚果冻又酸又甜，非常适合作饭后甜点。

材料（2人份）

- 冷冻 葡萄柚 a ……80g
  柠檬汁 b ……1大匙子（15g）
- 冷冻 明胶粉……1袋（5g）
  糖……4大匙
  水……250ml
  香叶芹（有的话）……少量

a → P77

b → P81

制作方法

1 制作果冻液

将明胶粉泡软，在锅里放入水和糖，一起开火煮，待明胶融化后盛到碗里，碗底放在冰水上。

2 加入果肉

将冷冻的葡萄柚用手分成易于食用的大小，在 ❶ 里加入柠檬汁和葡萄柚混合，倒入玻璃容器中。

3 冷却凝固

放入冰箱冷藏室冷却凝固，用香叶芹装饰。

第 **4** 章

料理冷冻方法

自制的冷冻料理很方便。

下面介绍自制冷冻料理的解冻方法。

只需按照食谱掌握料理冷冻的秘诀，根据自己的口味烹调即可。

除了主菜、配菜、汤，还介绍了自由发挥的食谱。

冷冻料理的关键

冷冻料理应抓住的要点是两种冷冻方法和不适合冷冻的料理。以此为基础也可以尝试冷冻本书介绍之外的料理。冷冻料理是便当的得力助手。

冷冻料理主要分两种

① 冷冻成品料理

做好的料理去掉添加物后冷冻，大部分的料理都可以用此方法冷冻。解冻一次能吃完的分量或分成小份冷冻。

② 冷冻半成品料理

饺子、奶酪和烤菜等料理在加热前冷冻即可。时间充裕时做好一些耗时的料理，冷冻后使用会很方便。

请记住不适合冷冻的料理！

难以解冻的料理

例如饭团和散寿司饭，表层的米饭已经解冻加热好了，而里面的馅料还未加热好。解冻方法很复杂不适合冷冻。解冻时从馅料里流出的液体会让味道变差。

口感会变的料理

冷冻蒸菜和麻婆豆腐会改变口感。但像筑前煮（P124）和日式牛肉火锅（P128）等去掉口感会变的食材后亦可。含P88介绍的食材的料理也要尽量避免。

使用冷冻食材的料理

冷冻使用冷冻食材做的料理，就是再次冷冻了。再次冷冻食物会走味，所以应尽量避免。并且，解冻已冷冻的料理后不应再次冷冻。

冷冻料理非常适合做便当！

什锦饭→P120

炸鸡块→P134

装满了
冷冻料理

金平牛蒡→P154

芝麻拌菠菜→P156

煮南瓜→P158

匆忙的早晨，如果有冷冻的料理，在短时间内即可做成营养丰富的便当。如果有副菜，还可以再做一道菜肴。全部使用冷冻料理会大大节省时间。冻好的料理也不必担心变味。用来做便当的料理要事先切成适宜的大小或装在小的硅胶杯里冷冻。

冷冻料理装盒的诀窍

自然解冻即可食用的料理可直接装进便当盒里

自然解冻的冷冻料理直接装进便当盒里即可。吃的时候自然就解冻了。但是，过多的冷冻料理不易自然解冻，如果天气寒冷，到吃的时候可能还未解冻，这时需用微波炉解冻后再装进便当盒里。

米饭和意大利面冷却后再装盒

自然解冻米饭和意大利面，口感会干巴巴的。热的米饭和意大利面含的 $\alpha-$淀粉冷冻后变成 $\beta-$淀粉，加热后又变回 $\alpha-$淀粉。先用微波炉加热，待其冷却后再装盒。

主食

炒饭、杂烩饭和什锦饭采用相同的冷冻和解冻方法

冷冻方法

分成单份用保鲜膜包好，放入冷冻保存袋中。

解冻加热方法

用微波炉解冻加热。

制作便当

根据便当盒的大小冷冻。按上面的方法解冻加热后装盒。

放入大量家人喜欢的食材

什锦饭

参 考 食 谱

✳材料（4人份）

米⋯0.3升
鸡腿肉⋯1/2块
胡萝卜⋯1/3根
油炸豆腐⋯1片
香菇⋯4个
姜⋯1片
鲜汁汤⋯适量
Ⓐ ⎡ 酒⋯3大匙
   ⎢ 酱油⋯3大匙
   ⎣ 料酒⋯1大匙
酱油、酒⋯各1小匙
葱⋯少量

✳制作方法

① 淘好的米放在蒸屉上。
② 鸡腿肉切成1.5cm的肉丁，撒上酱油和酒各1小匙调味。
③ 油炸豆腐过开水后切成长方形的条。胡萝卜切末。香菇切成5mm厚的薄片。姜切末。
④ 将①放进煮饭器里，加入Ⓐ。将鲜汁汤倒入煮饭器至刻度为止。
⑤ 在④里加入②和③混合后煮饭。
⑥ 煮好后搅拌均匀，盛到茶碗里。还可撒上少许葱花。

章鱼烧和韩式杂菜煎饼采用相同的冷冻和解冻方法

冷冻方法

切成便于食用的大小用保鲜膜包好，放入冷冻保存袋中。

解冻加热方法

用微波炉解冻加热。

冷冻后成为方便的夜宵

什锦煎饼

 参 考 食 谱

✱材料（4人份）

天妇罗粉（米饭亦可）…2杯
猪肋肉薄切片…160g
山药…30g
卷心菜…1/3个（400g）
天妇罗面渣…8大匙
鸡蛋…4个
鲜汁汤…1杯半
盐…少量
色拉油…适量
炸猪排沙司、蛋黄酱、柴鱼片、浒苔、
红姜…各适量

✱制作方法

❶ 将山药擦成泥。鲜汁汤里加盐融化，放入天妇罗粉搅拌，再加入山药泥混合后放入冰箱冷藏室30分钟。

❷ 卷心菜切成1cm大小。猪肋肉薄切片切成10cm的长条。

❸ 取出①的1/4，加1个鸡蛋、1/4的卷心菜、2大匙天妇罗面渣，搅拌。

❹ 在热的平底锅上涂上一层薄薄的色拉油，将③摊成圆形，放上1/4的猪肉。

❺ 成形后用刮铲翻个，使之成一个圆形。

❻ 待烤制焦黄时，再翻过来，依次涂上炸猪排沙司、蛋黄酱、柴鱼片、浒苔，最后放上红姜。同样方法烤剩下的3个什锦煎饼。

其他意大利面料理和炒面、炒乌冬面等也采用相同的冷冻和解冻方法

冷冻方法

分成单份用保鲜膜包好，放入冷冻保存袋中。

解冻加热方法

用微波炉解冻加热。

制作便当

用硅胶杯分好后放在金属平盘上，盖上保鲜膜快速冷冻。冻好后放入冷冻保存袋中。按上面的方法解冻加热后装盒。

意大利面速成法

那不勒斯细面

✳ 材料（4人份）

意大利面…400g
火腿…8片
洋葱…1/2个
甜椒…2个
Ⓐ 番茄酱…8大匙
　　盐、胡椒…各少量
橄榄油…2大匙
奶酪粉…适量

✳ 制作方法

❶ 火腿切成长条。洋葱切丝。甜椒切成环状。
❷ 水烧开后加盐煮意大利面。
❸ 在平底锅里倒入橄榄油预热，依次放入洋葱、甜椒、火腿炒制。然后加入❷、Ⓐ混合。装盘后可根据个人喜好撒上奶酪粉。

烤宽面条和多利安饭采用相同的冷冻和解冻方法

冷冻方法

烤之前放在耐热容器里，用保鲜膜包好，放入冷冻保存袋中。

解冻加热方法

用微波炉解冻，烤面包机烤制。

制作便当

放到铝硅胶杯里用保鲜膜包好，摆在金属平盘上快速冷冻。冻好后放入冷冻保存袋中。按上面的方法解冻加热后装盒。

烤完后趁热吃

奶酪烤菜

参考食谱 ·············

＊材料（4人份）

通心粉（短通心粉·干燥）…200g
虾…12只
洋葱……1/2个
西兰花…1/2棵
披萨用奶酪…100g
黄油…5大匙
面粉…5大匙
牛奶…3杯半
盐、胡椒…各少量
面包粉、黄油…各少量

＊制作方法

❶ 虾去虾线剥壳。洋葱切成1cm厚的半月形。西兰花掰成小块。

❷ 水烧开后加盐煮通心粉。煮好前2分钟加入西兰花煮，然后一起放在蒸屉里。

❸ 将1大匙黄油放到平底锅里融化，放进虾炒后取出。另加1大匙黄油将洋葱炒制半透明。剩下的3大匙黄油里加入面粉搅拌，然后倒入牛奶用木铲边搅拌边加热，待粘稠后放进虾煮，用盐和胡椒调味。

❹ 放到耐热容器里，依次撒上披萨用奶酪、面包粉、黄油，放进烤面包机里烤5~6分钟至焦黄色即可。

传统主菜和定制食谱

除去口感会变的食材，和其他炖菜一样采用相同的冷冻和解冻方法

冷冻方法

除去魔芋和竹笋外，分成单份用保鲜膜包好，放入冷冻保存袋中。

解冻加热方法

用微波炉解冻加热。

制作便当

用硅胶杯分好放在金属平盘上，盖上保鲜膜快速冷冻。冻好后放在冷冻保存袋中。按上面的方法解冻加热后装盒。

在家里最想冷冻的料理！

筑前煮

*材料（4人份）

鸡腿肉…2块
胡萝卜…1根
藕…1节（约200g）
魔芋…1块
干香菇…4小块
水煮竹笋…1个
四季豆…4根
鲜汁汤（包括泡干香菇的量）…4杯
A ┌ 酱油…4大匙
  │ 料酒…2大匙
  └ 糖…2大匙
色拉油…1大匙
盐…少量

*制作方法

1. 鸡腿肉切成5~6cm大小的块。用水泡开干香菇后对半切开。胡萝卜切块。藕切成半圆形薄片。魔芋煮后用手撕成小块。
2. 水煮竹笋切成6段。
3. 四季豆加盐煮后，取出切块。
4. 在锅里倒入色拉油预热，煎鸡腿肉。然后加入胡萝卜、藕、魔芋、干香菇炒。
5. 加入鲜汁汤，煮沸后拿开锅盖，加入Ⓐ和②，盖上锅盖煮至收汁即可。
6. 装盘，撒上四季豆。

剩下少量的炖菜摇身一变成主食

筑前煮什锦饭

自由发挥 1

材料（2人份）

冷冻 筑前煮…约100g（参考食谱1/8的量）

热米饭…2碗

A ┌ 盐…少量
　├ 酱油…1小匙
　└ 芝麻油…少量

黑芝麻…少量

制作方法

❶ 用微波炉半解冻筑前煮，切成1cm大小的块。再用微波炉加热。

❷ 加热米饭，用A调味。

❸ 装盘，撒上黑芝麻。

加入鸡蛋提升美味

鸡蛋烩筑前煮

自由发挥 2

材料（2人份）

冷冻 筑前煮…约200g（参考食谱1/4的量）

鸡蛋…2个

A ┌ 鲜汁汤…1/2杯
　├ 酱油…1匙半
　└ 料酒…1匙半

三叶芹…少量

制作方法

❶ 用微波炉半解冻筑前煮，切成便于食用的大小。

❷ 在平底锅里倒入A，加❶煮。煮沸后加入打好的鸡蛋，撒上三叶芹。

冷冻方法

土豆和其他食材分开放入冷冻保存袋中。将土豆捣成泥。

解冻加热方法

用微波炉解冻加热。

土豆完全入味!

土豆炖肉

参考食谱

✳材料（4人份）

牛肉薄切片…200g
土豆…3个
洋葱…1个
胡萝卜…1根
鲜汁汤…2杯半

Ⓐ
- 酱油…4大匙
- 料酒…4大匙
- 糖…2大匙

色拉油…1大匙
荷兰豆…4根

✳制作方法

❶ 牛肉切成3~4cm的大小。土豆和胡萝卜切块。洋葱切成半月形。

❷ 荷兰豆去筋，加盐煮后切成斜片。

❸ 在锅里倒入色拉油预热，炒制洋葱。再加入牛肉炒至变色后，放进胡萝卜和土豆，最后倒入鲜汁汤。

❹ 鲜汁汤煮沸后拿掉锅盖，加入Ⓐ，再盖上锅盖煮10分钟左右。

❺ 待汤剩下1/3的量时，揭开锅盖上下翻动。再用大火收汁。

❻ 装盘，撒上荷兰豆。

使用土豆泥做很简单

炸金枪鱼丸子

材料（2人份）

冷冻 土豆炖肉中的土豆（泥状）…约200g

洋葱…1/4个
金枪鱼罐头…1小罐
玉米粒…2大匙
香芹…少量
面粉…2~3大匙
鸡蛋…1/2个

面包粉…1杯
盐、胡椒…各少量
煎炸用油…适量
莴苣…2~3片
炸猪排沙司…适量

制作方法

① 用微波炉解冻土豆泥。
② 洋葱切碎。金枪鱼罐头去汁捣碎。香芹菜切碎。
③ 在①里加入②和玉米，用盐和胡椒调味。做成6个小圆柱形，依次裹上面粉、鸡蛋液、面包粉。
④ 将煎炸用油加热到180℃，过油炸③。
⑤ 装盘，放上莴苣，根据个人喜好加入炸猪排沙司。

加进肉的豆腐摇身一变成主菜

浇汁豆腐

材料（2人份）

冷冻 土豆炖肉（去掉土豆）…约380g

木棉豆腐…1块

Ⓐ
水…1杯
鸡精…1/3小匙
蚝油…2小匙
酱油…1小匙
酒…1大匙
糖…1小匙
豆瓣酱、盐、胡椒…各少量

Ⓑ
水…2大匙
土豆淀粉…1大匙
芝麻油…少量
萝卜苗…少量

制作方法

① 木棉豆腐切成8块。
② 在平底锅里倒入Ⓐ煮沸，加进土豆炖肉。然后加入木棉豆腐煮，用水溶土豆淀粉勾芡，滴少许芝麻油。
③ 装盘，用去根的萝卜苗装饰。

其他火锅料理也采用相同的冷冻和解冻方法

冷冻方法

去掉豆腐、魔芋粉丝、春菊，放入冷冻保存容器里。

解冻加热方法

用微波炉解冻加热。

大家围在一起享用的火锅!

日式牛肉火锅

＊材料（4人份）

牛肉薄切片…300g

煎豆腐…1块

葱…2根

白菜…1/4棵

春菊…1把

滑菇…1捆

香菇…4个

魔芋粉丝（白色）…1袋（150g）

A ┌ 酱油…8大匙
　├ 料酒…8大匙
　└ 糖…6大匙

牛油…适量

＊制作方法

❶ 牛肉切成便于食用的大小。

❷ 煎豆腐切成6~8块。葱切成斜片。白菜、春菊切成块。滑菇去掉根部掰成小块。香菇去掉根部切块。魔芋粉丝煮好后切成大块。

❸ 搅拌Ⓐ。热锅后融化牛油，煎❶，加进Ⓐ混合。再加入❷和Ⓐ，调味。

充满披萨风味的美食

油炸三明治

自由发挥 1

材料（2人份）

冷冻 牛肉火锅…约200g（参考食谱1/4的量）

油炸豆腐…2块

A 披萨用奶酪…50g
番茄酱…2大匙

芝麻油…适量

制作方法

1. 用微波炉解冻牛肉火锅并切碎，加入Ⓐ搅拌。
2. 油炸豆腐沿对角线切开，成袋状。
3. 在②里放入①，用牙签固定。在平底锅倒入芝麻油，放进去两面煎。然后切成便于食用的大小。去掉牙签，装盘。

提升牛肉火锅的美味

牛肉火锅乌冬面

自由发挥 2

材料（2人份）

冷冻 牛肉火锅…约200g（参考食谱1/4的量）

乌冬面…2团

鸡蛋…1个

A 炸猪排沙司…1大匙
盐、胡椒…各少量

色拉油…2小匙

春菊…适量

制作方法

1. 在平底锅里倒入1小匙色拉油预热，制作煎蛋后取出。
2. 还是在①的平底锅倒入1小匙色拉油，放进冷冻的牛肉火锅，盖上锅盖蒸煮。解冻后加入乌冬面炒，用Ⓐ调味。
3. 装盘，放上①，再放上春菊即可。

炖猪肉和煮牛筋也采用相同的冷冻和解冻方法

冷冻方法

单次放入冷冻保存袋中。

解冻加热方法

用微波炉解冻加热。

制作便当

切成便于食用的大小，用硅胶杯分好放在金属平盘上，盖上保鲜膜快速冷冻。冻好后放在冷冻保存袋中。做便当时直接装进盒里即可。

慢慢煮到软烂

炖肉

✳材料（4人份）

猪肋肉…800g
葱叶…1根
姜（切片）…3~4片

Ⓐ
 ┌ 水…4杯
 │ 酒…1杯
 │ 酱油…4大匙
 │ 糖…3大匙
 │ 八角…1个
 └ 姜（切片）…3~4片

芥末…适量

✳制作方法

❶ 将猪肋肉直接放进锅里，加入适量的水、葱叶、姜开火煮，水开后再煮约20分钟。煮好后切成便于食用的大小。

❷ 在锅里加入Ⓐ和①，沸腾后取下锅盖，再煮1~2小时。

❸ 将②装盘，根据个人喜好加适量芥末。

将入味的肉裹上鸡蛋

意大利酥仔肉

自由发挥1

材料（2人份）

冷冻 炖肉…约260g（参考食谱1/2的量）

鸡蛋…2个
面粉…少量
色拉油…2小匙
番茄酱…适量

制作方法

❶ 用微波炉半解冻炖肉，切成长条。
❷ 将①裹上面粉，蘸上蛋液。
❸ 在平底锅倒入色拉油预热，放进②两面煎。
❹ 装盘，放上番茄酱。

充分利用炖肉的美味做出的简单料理

小松菜炒炖肉

自由发挥2

材料（2人份）

冷冻 炖肉…约130g（参考食谱1/4的量）

小松菜…1捆（230g）
大蒜…1瓣
盐、胡椒…各少量
芝麻油…2小匙

制作方法

❶ 用微波炉半解冻炖肉，切成长条状。
❷ 小松菜切段。大蒜切片。
❸ 在平底锅倒入芝麻油预热，依次加入②和①炒，然后用盐和胡椒调味。

烧鸡和烤鸡等也采用相同的冷冻和解冻方法

冷冻方法

分成单份用保鲜膜包好，放入冷冻保存袋中。

解冻加热方法

用微波炉解冻加热。

制作便当

用硅胶杯分好放在金属平盘上，盖上保鲜膜快速冷冻。冻好后放在冷冻保存袋中。做便当时直接装进盒里即可。

香脆的外皮和甜辣汁融合很适合配上米饭食用

照烧烤鸡肉

参 考 食 谱

✳材料（4人份）

鸡腿肉…2支

A
- 酱油…2大匙
- 料酒…2大匙
- 酒…2大匙
- 姜汁…2小匙

色拉油…1大匙
糖…1/2大匙
尖椒…12根

✳制作方法

1. 鸡腿对半切开，用Ⓐ腌渍。
2. 用刀将尖椒竖着切开。
3. 在平底锅里倒入色拉油预热，沥干①的腌汁，放进鸡腿两面煎，期间加入②，放在旁边煎。
4. 沥出的腌汁里加入糖，倒入③的煎锅里。
5. 将④切成便于食用的大小，装盘淋上煮汁，放上尖椒。

松软的蛋包饭很受孩子的欢迎

鸡肉蛋包饭

自由发挥 1

材料（2人份）

冷冻 照烧烤鸡肉…1/2支（参考食谱1/4的量）

米饭…2碗　　　　盐、胡椒…各适量
鸡蛋…4个　　　　黄油…1大匙
洋葱…1/4个　　　橄榄油…2小匙
四季豆…4根　　　番茄酱…适量
干海藻…3g

Ⓐ 番茄酱…4大匙
　 盐、胡椒…适量

制作方法

❶ 用微波炉半解冻照烧烤鸡肉，切成1.5cm的大小。
❷ 用水泡开干海藻。洋葱切末。四季豆煮后切小块。
❸ 在平底锅里倒入橄榄油预热，炒制①和②，然后加入米饭炒。用Ⓐ调味，装盘。
❹ 搅打鸡蛋，用盐和胡椒调味。将黄油放入平底锅中融化，加入蛋液炒至半熟盛出，放在③上，挤上番茄酱即可。

鸡肉和苹果的爽脆融合

鸡肉卷心菜沙拉

自由发挥 2

材料（2人份）

冷冻 照烧烤鸡肉…1/2支（参考食谱1/4的量）

卷心菜…4片（200g）
苹果…1/2个

Ⓐ 蛋黄酱…2大匙
　 盐、胡椒…各少量

盐…少量

制作方法

❶ 用微波炉半解冻照烧烤鸡肉，切成小片。
❷ 卷心菜切成1cm大小用盐揉搓至软和后挤出水分。苹果连皮切片。
❸ 在①和②里加入Ⓐ，拌在一起即可。

炸鸡和炸鸡肉等也采用相同的冷冻和解冻方法

冷冻方法

放在金属平盘上，盖上保鲜膜快速冷冻，冻好后放入冷冻保存袋中。

解冻加热方法

用微波炉解冻或用烤面包机加热。

制作便当

直接装进便当盒里即可。

无论是刚炸出来还是凉后都很诱人

炸鸡块

＊材料（4人份）

鸡腿肉…2支
面粉…适量

Ⓐ
- 酱油…1大匙
- 酒…1大匙
- 盐、胡椒…各少量
- 蒜泥…1/2瓣的量
- 姜汁…1小匙

煎炸用油…适量
柠檬…适量
香芹…少量

＊制作方法

❶ 一支鸡腿肉切成8块，用Ⓐ腌渍。

❷ 去掉①的腌汁，裹上面粉放到180℃的煎炸用油里炸脆。

❸ 装盘，旁边放上切成半月形的柠檬和香芹。

不妨尝试一下咕噜肉风味的炸鸡块

炸鸡咕噜肉

自由发挥 1

材料（2人份）

冷冻 炸鸡块…4块（参考食谱1/4的量）

洋葱…1/2个
胡萝卜…1/2根
甜椒…1个

A
- 番茄酱…2大匙
- 醋…1大匙
- 糖…1大匙
- 酒…1大匙
- 鸡精…1/2小匙
- 水…1/3杯
- 盐、胡椒…各少量

B
- 水…2小匙
- 土豆淀粉…1小匙

色拉油…2小匙
芝麻油…少量

制作方法

1. 用微波炉解冻炸鸡块后切成薄片。
2. 洋葱切成3~4cm大小的块。胡萝卜、甜椒切块。胡萝卜事先煮一下。
3. 混合Ⓐ。在平底锅里倒入色拉油预热，炒制②。加入Ⓐ煮沸后放入①。用水溶土豆淀粉勾芡，撒上芝麻油。

分量很足的沙拉菜

炸鸡凯撒沙拉

自由发挥 2

材料（2人份）

冷冻 炸鸡块…4块（参考食谱1/4的量）

生菜…1棵
水菜…1棵
脱脂乳酪…2大匙

A
- 白葡萄酒醋…1/2大匙
- 盐…1/6小匙
- 胡椒…少量
- 菜籽芥末…1小匙
- 橄榄油…1大匙

制作方法

1. 用微波炉解冻炸鸡块并切成薄片。
2. 将色拉调料Ⓐ混合。
3. 生菜切段后切成斜块，水菜切成5~6cm的长段，混在一起装盘。撒上①和脱脂乳酪，淋上②。

冷冻方法

烤前

放在金属平盘上，盖上保鲜膜快速冷冻。冻好后每个用保鲜膜包好，放入冷冻保存袋中。

烤后

单个用保鲜膜包好，放入冷冻保存袋中。

解冻加热方法

烤前

用微波炉解冻后用煎锅烤熟。

烤后

用微波炉解冻加热。

制作便当

烤前…用上面的方法解冻加热后装进便当盒里

烤后…直接装进便当盒里

富含肉汁松软美味

汉堡包

参 考 食 谱

✳ 材料（4人份）

绞肉…400g

洋葱…1/4个

大蒜…1瓣

面包粉、牛奶…各3大匙

鸡蛋…1个

A
- 番茄酱…4大匙
- 炸猪排沙司…2大匙
- 黄油…1大匙

盐…1/2小匙

胡椒、肉豆蔻…各少量

色拉油…1大匙半

生菜叶…1~2片

小西红柿…4个

✳ 制作方法

❶ 洋葱和胡萝卜切碎，在平底锅里倒入1/2大匙色拉油炒制。面包粉事先泡在牛奶里。

❷ 将绞肉放到碗里，加入①、鸡蛋、盐、胡椒、肉豆蔻搅拌，做成4个小圆饼。

※制作便当盒煮东西时，分成8等份冷冻。

❸ 往平底锅里倒入1大匙色拉油预热，将②放到锅里煎至两面焦黄，盖上锅盖继续煎。

❹ 装盘，旁边放上生菜叶和切半的小西红柿。将Ⓐ放进剩有③的肉汁的煎锅里做成沙司，淋在汉堡包上。

圆圆的汉堡包做出中国风味的汤肴

汉堡狮子头

自由发挥 1

材料（2人份）

冷冻 汉堡包（烤后）
…8等份大小2个（参考食谱1/4的量）

青菜…1棵
水煮竹笋…2个（小）
干香菇…4个
粉丝…70g

酒…2大匙
大蒜（切片）…1瓣
红辣椒（去籽）…1根
盐、胡椒、芝麻油…各少量

A ┌ 泡干香菇汤汁…3杯
  └ 鸡精…1小匙

制作方法

① 干香菇用3杯水泡开后对半切开。

② 粉丝泡在水里。青菜叶切块，青菜茎切成4段。水煮竹笋切成薄的半月形。

③ 在锅里搅拌Ⓐ，加入①煮沸。放入汉堡包，然后放进②继续煮。用盐和胡椒调味，撒上芝麻油。

加入豆腐的泡菜火锅

嫩豆腐泡菜火锅

自由发挥 2

材料（2人份）

冷冻 汉堡包（烤后）
…4等份大小1个（参考食谱1/4的量）

嫩豆腐…1块
泡菜…150g

A ┌ 水…1杯
  │ 鸡精…1/2小匙
  │ 酒…2大匙
  │ 味噌…1又1/2大匙
  │ 韩国红辣椒粉※…1/2大匙
  └ 辣酱…1/2大匙

韭菜…少量
※如果没有用单味辣椒粉亦可

制作方法

① 用微波炉半解冻汉堡包，切成6等份。将泡菜切成便于食用的大小。

② 在锅里将Ⓐ煮沸，放入①，然后将嫩豆腐切块放进去。

③ 装盘，撒上韭菜末。

137

炸之前

放在金属平盘上，盖上保鲜膜快速冷冻。冻好后单个用保鲜膜包好放入冷冻保存袋中。

炸之后

单个用保鲜膜包好，放入冷冻保存袋中。

解冻加热方法

炸之前

直接下油锅炸。

炸之后

用微波炉解冻，在烤面包机里加热。

制作便当

烤前…按照上面的方法解冻加热后装进便当盒里
烤后…直接装进便当盒里

冷冻时把土豆捣成泥状

炸肉排

 参 考 食 谱

＊材料（4人份）

混合肉末…150g
洋葱…3/4个
土豆…4~5个
面粉…3~4大匙
鸡蛋…1个
面包粉…2杯
盐、胡椒…各少量
色拉油…1小匙
煎炸用油…适量
卷心菜…2~3片
萝卜苗…1/2捆
炸猪排沙司…适量

＊制作方法

❶ 洋葱切碎。在平底锅里倒入色拉油炒洋葱，然后放入肉末炒开，用盐和胡椒调味。
❷ 用微波炉加热土豆12~15分钟，趁热去皮捣碎。加入❶混合，用盐和胡椒调味。做成8个小圆饼，依次裹上面粉、鸡蛋液、面包粉。
❸ 将煎炸用油加热至180℃，炸脆❷。
❹ 将❸装盘，旁边放上切丝的卷心菜、萝卜苗。根据个人喜好撒上炸猪排沙司。

用面包机加热后很松脆

肉排热狗

自由发挥 1

材料〔2人份〕

冷冻 冷冻肉排（炸后）
…1个（参考食谱1/8的量）

热狗面包（小的）…2个
卷心菜…1/2片
黄瓜…1/8根
黄油…适量
炸猪排沙司、番茄酱…各适量

制作方法

1. 卷心菜切丝，黄瓜切片。
2. 用微波炉半解冻炸肉排，切成4条。用面包机加热。
3. 将热狗面包竖着对半切开，用微波炉加热，内侧涂上黄油。
4. 将一半的卷心菜和2条肉排夹进③的一半里。同样方法再做一个，抹上炸猪排沙司和番茄酱。

虽是披萨但却成为主菜

肉排披萨

自由发挥 2

材料〔2人份〕

冷冻 肉排（炸后）
…2个（参考食谱1/4的量）

洋葱…1/4个
西红柿…1/2个
甜椒…1/2个
披萨用奶酪…50g
番茄酱…2大匙
辣椒酱…少量

制作方法

1. 在平底锅里放入冷冻的肉排，盖上锅盖用小火加热。稍过片刻翻个，变软后用木铲捣碎。
2. 洋葱切丝，西红柿和甜椒切成8mm厚的环状。
3. 在①里放入洋葱，撒上番茄酱。然后依次放上西红柿、披萨用奶酪、甜椒，盖上锅盖待奶酪融化。
4. 切成便于食用的大小装盘，根据个人喜好放上辣椒酱。

冷冻方法

煎之前

放在金属平盘上,盖上保鲜膜快速冷冻。冻好后放入冷冻保存袋中。

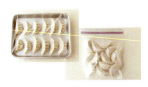

煎之后

单个用保鲜膜包好,放入冷冻保存袋中。

解冻加热方法

煎之前

直接放到煎锅里煎。

煎之后

用微波炉解冻加热。

有家庭味道的人气冷冻食品

煎饺子

＊材料（4人份）

猪肉末…150g
饺子皮…24个
白菜…250g
葱…1/2根
韭菜…4~5根
姜…1块

Ⓐ
┌ 酱油…1/2大匙
│ 胡椒…少量
└ 芝麻油…1/2小匙

盐…2/3小匙
色拉油…少量
芝麻油…少量
Ⓑ 酱油、醋、辣椒油…各适量
香芹菜…少量

＊制作方法

❶ 姜切末。
❷ 白菜切成粗丝撒上盐,5~6分钟后挤出水分。葱切成粗末。韭菜切碎。
❸ 把猪肉末放到碗里,加入Ⓐ和①,与②一起搅拌。
❹ 将③的1/24放到饺子皮上,捏褶包好。
❺ 加热煎锅倒入色拉油,将12个饺子放进去。加1/4杯水,盖上锅盖。
❻ 待水分蒸干,煎至金黄色,然后淋上芝麻油。剩余的也同样煎好。
❼ 装盘,用香芹装饰,混合Ⓑ作为蘸汁。

饺子也能做成意大利风味

意式饺子汤面

自由发挥 1

材料（2人份）

冷冻 饺子（煎过）
…6个（参考食谱1/4的量）

洋葱…1/4个
胡萝卜…1/4个
土豆…1个

Ⓐ ┌ 洋风汤料（固体）…1/2个
　 │ 水…2杯
　 └ 番茄酱…4大匙

盐、胡椒…各少量
橄榄油油…2小匙

制作方法

❶ 将洋葱、胡萝卜、土豆切成1cm的块。

❷ 在平底锅里倒入橄榄油预热，炒制①，然后加Ⓐ煮。待胡萝卜变软后加入饺子煮。

❸ 饺子煮好后，用厨房剪刀对半剪开，加盐和胡椒调味。

爽脆、松脆、粘稠的结合

炸饺豆芽浇汁菜

自由发挥 2

材料（2人份）

冷冻 饺子（煎过）
…12个（参考食谱1/2的量）

豆芽…1/2袋

Ⓐ ┌ 水…1/2杯
　 │ 鸡精…少量
　 │ 酒…1大匙
　 │ 酱油…1/2大匙
　 │ 糖…1小匙
　 │ 盐、胡椒…各少量
　 └ 红辣椒（切成环状）…1/2个

Ⓑ ┌ 水…4小匙
　 └ 土豆淀粉…2小匙

色拉油…1小匙
煎炸用油…适量
芝麻油…适量

制作方法

❶ 豆芽去根。

❷ 在平底锅里倒入煎炸用油加热至170℃，将饺子放进去炸后装盘。

❸ 在锅里倒入色拉油预热，炒制①，加入Ⓐ煮沸后，用Ⓑ水溶土豆淀粉勾芡。撒上芝麻油，盛出放在②上。

炒菜的食材不同亦可采用相同的冷冻和解冻方法

冷冻方法

一次用量用保鲜膜包好，放入冷冻保存袋中。

解冻加热方法

用微波炉解冻加热。

蔬菜丰富的快速料理

蔬菜炒肉

＊材料（4人份）

猪肉切块…160g
洋葱…1/2个
胡萝卜…1/2根
卷心菜…3片
甜椒…2个
Ⓐ ┌ 酒…1大匙
　 └ 盐、胡椒、鸡精…各少量
盐、胡椒…各少量
色拉油…1大匙

＊制作方法

❶ 将猪肉块切成便于食用的大小，用盐和胡椒调味。
❷ 洋葱切成1cm厚的半月形。胡萝卜切成半月形。
❸ 卷心菜切块。甜椒切丝。
❹ 混合Ⓐ。在平底锅里倒入色拉油预热，炒制①。待肉变色后，加入②，变软后再加入③。用Ⓐ调味。

松软可爱的什锦摊饼风味

蔬菜山药烧

自由发挥 1

材料（2人份）

冷冻 蔬菜炒肉…约120g（参考食谱1/4的量）

山药…130g

黑芝麻…1大匙

A
- 面粉…3大匙
- 水…3大匙
- 鸡蛋…1个
- 盐、胡椒…各少量

色拉油…适量

辣酱…少量

制作方法

① 用微波炉半解冻蔬菜炒肉，切成1cm大小的块。

② 将山药擦成泥，加入 A，然后放入黑芝麻。

③ 在平底锅里倒入色拉油预热，将②放进去摊成6cm大小的圆饼，成形后翻个。

④ 装盘，涂上辣酱。

不用菜刀且含丰富蔬菜的汤品

豆浆蔬菜汤

自由发挥 2

材料（2人份）

冷冻 蔬菜炒肉…约120g（参考食谱1/4的量）

豆浆…1/2杯

A
- 鸡精…1/2小匙
- 水…1杯半
- 酒…1大匙

盐、胡椒…各少量

制作方法

① 把 A 放进锅里煮沸，然后放入蔬菜炒肉煮。加热后倒入豆浆，用盐和胡椒调味即可。

其他咖喱和炖菜也采用相同的冷冻和解冻的方法

冷冻方法

土豆和其他的食材分开放入冷冻保存袋中。土豆捣成泥状。

解冻加热方法

用微波炉解冻加热。

将土豆分开冷冻

牛肉咖喱

✳材料（4人份）

做牛肉咖喱用的肉…300g
洋葱…1个
胡萝卜…1根
土豆…3个
咖喱黄油面酱…1箱（100g）
盐、胡椒、面粉…各少量
色拉油…3大匙
米饭…4碗
辣韭、什锦酱菜…各适量

✳制作方法

1 将牛肉用盐和胡椒调味，再撒上面粉。
2 洋葱切成半月形。胡萝卜和土豆切块。
3 在锅里倒入1大匙色拉油预热，将牛肉煎一下后取出。
4 在锅里倒入2大匙色拉油，炒制②。加水煮③，水开后取下锅盖再煮15~20分钟。
5 先停一下火加入咖喱黄油面酱，再开火煮5~10分钟。
6 将米饭盛到盘子里，浇上⑤。根据个人喜好亦可放上辣韭和什锦酱菜。

爽滑的土豆泥
土豆咖喱汤

自由发挥 1

材料（2人份）

冷冻 牛肉咖喱中的土豆（泥状）…约120g

卡芒贝尔软干酪…1/个
鲜奶油…1/4杯
Ⓐ ┌ 洋风汤料（固体）…1/2块
  │ 水…1杯半
  └ 咖喱粉…2小匙
盐、胡椒…各少量
香芹菜…少量

制作方法

❶ 将卡芒贝尔软干酪切成8等分的半月形。
❷ 在锅里加入Ⓐ煮沸后放进土豆泥，然后加入鲜奶油，用盐和胡椒调味。
❸ 装盘，放入①，撒上香芹末。

咖喱风味的日式菜肴
豆腐咖喱浇汁菜

自由发挥 2

材料（2人份）

冷冻 牛肉咖喱（去掉土豆）…约110g

过油豆腐…1块
水…1/2杯
老抽（2倍浓缩）…1大匙
Ⓐ ┌ 水…2小匙
  └ 土豆淀粉…1小匙
香葱…5~6根

制作方法

❶ 将过油豆腐放在烧烤网上烤至金黄色，切成便于食用的大小装盘。
❷ 在锅里放入水和牛肉咖喱煮。煮透后加老抽，用Ⓐ的水溶土豆淀粉勾芡。放上①，撒上葱花即可。

煎之前

半个用保鲜膜包好，放入冷冻保存袋中。

煎之后

连汁一起放进冷冻保存容器里。

煮之前

直接入锅煮。

煮之后

用微波炉解冻加热。

有时间可以多做一些冷冻起来

洋白菜肉卷

 参 考 食 谱

✱材料（4人份）

混合肉末…400g

鸡蛋…1个

卷心菜…8片

洋葱…1/4个

大蒜…1瓣

面包粉、牛奶…各3大匙

面粉…少量

Ⓐ ┌ 水…3杯
 │ 洋风汤料…1块
 │ 西红柿番茄酱…4大匙
 └ 月桂叶…1片

盐…1/2小匙

胡椒、肉豆蔻…各少量

盐、胡椒…各少量

✱制作方法

❶ 洋葱、大蒜切末。将面包粉放入牛奶里浸泡。

❷ 将肉末放入碗里，加入①、鸡蛋、1/2小匙盐、胡椒、肉豆蔻搅拌，分成8等份。

❸ 将卷心菜轻轻剥下，煮至变色。煮好后展平，撒上面粉，卷上②。

❹ 在锅里将Ⓐ煮沸，把③摆进去，盖上锅盖煮15~18分钟。用盐和胡椒调味。

适合大众口味

鸡肉风味的烤洋白菜卷

材料（2人份）

冷冻 洋白菜肉卷（煮过）
…2个（参考食谱1/4的量）

面粉…少量

A
- 酱油…1大匙
- 酒…1大匙
- 料酒…1大匙
- 糖…1/2大匙

色拉油…2小匙

制作方法

① 用微波炉半解冻洋白菜肉卷，切成4等份。每4个用铁签串好，裹上面粉。

② 在平底锅里倒入色拉油，放进①，两面煎好后，撒上Ⓐ。

洋白菜肉卷和味噌汤出人意料的相配

洋白菜肉卷味噌汤

材料（2人份）

冷冻 洋白菜肉卷（煮过）
…2个（参考食谱1/4的量）

鲜汁汤…2杯

味噌…1大匙半

葱…5cm长

制作方法

① 用微波炉半解冻洋白菜肉卷，切成4等份。

② 在锅里将鲜汁汤煮沸，放进味噌溶解，然后放入①煮。煮好后放上葱丝即可。

其他的烤鱼也采用相同的冷冻和解冻方法

冷冻方法

每片用保鲜膜包好，放入冷冻保存袋中。

解冻加热方法

用微波炉解冻加热。

制作便当

直接装进便当盒里即可。

除早饭和便当以外也经常食用

烤鲑鱼

✱材料（4人份）

腌鲑鱼…4块
萝卜泥…1/2杯
酸橘…1个
酱油…少量

✱制作方法

① 用烤网将腌鲑鱼烤制两面金黄色，装盘。
② 旁边放上萝卜泥，撒上酱油，用切成半月形的酸橘装饰。

橙红色和绿色的完美搭配

醋拌鲑鱼黄瓜

自由发挥 1

材料（2人份）

冷冻 烤鲑鱼…1/2块（参考食谱1/8的量）

黄瓜…1根

A
姜…1/2片
醋…1大匙
水…1/2大匙
糖…1大匙

盐…少量

制作方法

1 用微波炉半解冻烤鲑鱼，去掉鱼骨和鱼皮，沿着纹路揉开。
2 黄瓜切片，姜切末，用盐腌渍。变软后挤出水分。
3 混合A。调半1和2。

鲑鱼作为主角的炒菜

鲑鱼豆腐炒蔬菜

自由发挥 2

材料（2人份）

冷冻 烤鲑鱼…1块（参考食谱1/4的量）

木棉豆腐…1块
苦瓜…1/2个
豆芽…1/2袋

A
盐、胡椒、柴鱼精…各少量
酱油…1小匙

芝麻油…2小匙

制作方法

1 用微波炉解冻烤鲑鱼，去掉鱼骨和鱼皮，用手撕成块。
2 木棉豆腐包上纸巾，将重物放在上面挤出水分。
3 苦瓜竖着切后去种，切成5mm厚的片。豆芽去根。
4 在平底锅里倒入芝麻油预热，炒制3，然后加入1、2炒熟，用A调味即可。

149

其他的煮鱼也采用相同的冷冻和解冻方法

冷冻方法

连汁一起放进冷冻保存容器里。

解冻加热方法

用微波炉解冻加热。

肥美的鲭鱼和红色的味噌是绝配

味噌煮鲭鱼

＊材料（4人份）

鲭鱼…2大片（1条鱼的分量）
牛蒡…1根
姜…1片

Ⓐ
- 水…1杯
- 酒…1杯
- 味噌…3大匙
- 料酒…2大匙
- 糖…2大匙

＊制作方法

① 鲭鱼切片。牛蒡切成6cm的2~4段。
② 姜切薄片。
③ 在锅里放入Ⓐ，加②煮沸，放进①。
④ 盖上锅盖，来回搅动汤汁，煮8~10分钟即可。

裹上坚果外衣

炸鲭鱼排

自由发挥 1

材料（2人份）

冷冻 味噌煮鲭鱼…2小片（参考食谱1/2的量）

面粉…2~3大匙
鸡蛋…1/2个
面包粉…1杯
坚果（切碎）…2大匙
煎炸用油…适量
生菜…2~3片
西红柿…1/2个

制作方法

❶ 用微波炉解冻味噌煮鲭鱼，沥干水分后去掉鱼骨。

❷ 在❶上依次裹上面粉、蛋液、坚果、面包粉。在锅里倒入煎炸用油预热，放入炸制。

❸ 装盘，旁边放上切丝的生菜和切块的西红柿。

味噌的浓郁和蛋黄酱的温和很搭配

蛋黄酱焗鲭鱼

自由发挥 2

材料（2人份）

冷冻 味噌煮鲭鱼…2小片（参考食谱1/2的量）

洋葱…1/2个
红甜椒…1个
蛋黄酱…适量
面包粉…少量

制作方法

❶ 用微波炉解冻味噌煮鲭鱼，去掉鱼骨。

❷ 洋葱切片，红甜椒切丝。

❸ 在耐热器皿上铺上❷，再放上❶，挤上蛋黄酱，然后撒上面包粉，用烤面包机烤至焦黄色。

传统副菜和定制食谱

冷冻方法

分成单份用保鲜膜包好，放入冷冻保存袋中。

解冻加热方法

用微波炉解冻。

制作便当

用硅胶杯分好放在金属平盘上，盖上保鲜膜快速冷冻。冻好后放入冷冻保存袋中。制作便当时直接装盒即可。

用大锅一次做很多供日后使用

炖鹿尾菜

参考食谱

✳材料（4人份）

鹿尾菜…300g（干鹿尾菜75g）
油炸豆腐…1片
胡萝卜…1/2根

A ┌ 鲜汁汤…1/2杯
　├ 酱油…2大匙半
　├ 糖…2大匙
　└ 酒…1大匙

芝麻油…1大匙

✳制作方法

❶ 将鹿尾菜（干鹿尾菜用水发开）用水洗净后，放在笼屉上沥干水分。

❷ 胡萝卜切丝。油炸豆腐放在开水里去油，切成长条状。

❸ 在平底锅倒入芝麻油，依次加入胡萝卜和❶炒，然后放进Ⓐ。最后加入油炸豆腐，水分炒干即可。

尝试一下简单的
炸豆腐丸子

自由发挥 **1**

材料（2人份）

冷冻 煮过的鹿尾菜
…约25g（参考食谱1/20的量）

木棉豆腐…1片
荷兰豆…8个
土豆淀粉…适量
煎炸用油…适量
紫苏…1片
萝卜泥、姜泥…各适量

制作方法

❶ 木棉豆腐用纸巾包好，放上重物沥干水分。

❷ 用微波炉解冻鹿尾菜。

❸ 去掉荷兰豆的筋后下水煮，切成斜段。

❹ 在①里加入②、③，与土豆淀粉混合，做成丸子状。撒上土豆淀粉，在180℃的油锅里炸制。

❺ 装盘，旁边放上紫苏、萝卜泥、姜泥即可。

用市场上买的油炸豆腐做很简单
油炸豆腐寿司

自由发挥 **2**

材料（2人份）

冷冻 煮过的鹿尾菜
…约50g（参考食谱1/10的量）

刚煮好的米饭…2碗
入味的油炸豆腐…6片
寿司醋…2大匙
甜醋生姜…适量

制作方法

❶ 用微波炉解冻鹿尾菜。

❷ 在刚煮好的米饭里加入寿司醋搅拌，然后加入①混合。

❸ 将②分成6等份，塞进入味的油炸豆腐里。

❹ 装盘，旁边放上甜醋生姜。

藕炒金平牛蒡等亦可采用相同的冷冻和解冻方法

冷冻方法

分成单份用保鲜膜包好，放入冷冻保存袋中。

解冻加热方法

用微波炉解冻加热。

制作便当

用硅胶杯分好放在金属平盘上，盖上保鲜膜快速冷冻。冻好后放入冷冻保存袋中。制作便当时直接装盒即可。

富含食物纤维的健康菜肴

炒金平牛蒡

参 考 食 谱

＊材料（4人份）

牛蒡…30cm 2~3根（150g）

胡萝卜…1/2根

A ┌ 酱油…2大匙
  │ 料酒…2大匙
  └ 糖…1大匙

芝麻油…1大匙

七香辣椒粉…少量

＊制作方法

1. 将牛蒡切成薄片，放入水中。
2. 将胡萝卜切成和牛蒡一样大小。
3. 在平底锅里倒入芝麻油，依次加入①、②炒制，然后放进Ⓐ继续炒至收汁。
4. 装盘，根据个人喜好撒上七香辣椒粉。

加入猪肉成为一道不错的主菜

金平牛蒡肉卷

自由发挥 1

材料（2人份）

冷冻 炒牛蒡
…约110g（参考食谱1/2的量）

猪里脊薄切片…8片
盐、胡椒、面粉…各少量
色拉油…2小匙
沙拉菜…适量

制作方法

1. 用微波炉解冻炒金平牛蒡。
2. 将猪里脊薄片展开，撒上盐、胡椒、面粉，将①分成8等份，分别放在猪肉薄切片上，然后卷起来。
3. 在平底锅里倒入色拉油预热，将②的封口处朝下，转动着煎至上色即可。
4. 装盘，旁边放上沙拉菜。

非常适合作为下酒菜

炸捏金平牛蒡丸子

自由发挥 2

材料（2人份）

冷冻 炒牛蒡
…约55g（参考食谱1/4的量）

鸡肉末…200g

A
- 味噌…1小匙
- 蛋液…1大匙
- 葱末…10cm长的量
- 姜末…1/2片
- 土豆淀粉…1大匙
- 盐、胡椒…各少量

色拉油…2小匙
浒苔…少量

制作方法

1. 用微波炉解冻炒牛蒡。
2. 在鸡肉末里加入Ⓐ，再和①混合。平均分成2等份，用竹扦串起来，压平成形。
3. 在平底锅里倒入色拉油，放进②两面煎至焦黄色。
4. 装盘，撒上浒苔。

其他的芝麻拌菜和拌焯青菜也采用相同的冷冻和解冻方法

冷冻方法

分成单份用保鲜膜包好，放入冷冻保存袋中。

解冻加热方法

用微波炉解冻加热。

制作便当

用硅胶杯分好放在金属平盘上，盖上保鲜膜快速冷冻。冻好后放在冷冻保存袋中。制作便当时直接装盒即可。

丰富饭桌的一道小菜

芝麻拌菠菜

＊材料（4人份）

菠菜…1捆（200g）

A ┌ 酱油…1又1/2大匙
　├ 糖…1大匙
　└ 白芝麻…2大匙

＊制作方法

❶ 菠菜煮后挤干水分，切成4~5cm。
❷ 混合Ⓐ，调拌❶。

含有菠菜营养均衡

大力水手煎蛋

自由发挥 1

材料（2人份）

冷冻 芝麻拌菠菜
…约50g（参考食谱1/4的量）

鸡蛋…3个

A
┌ 糖…2大匙
├ 盐…少量
└ 葱（切碎）…10cm长的量

色拉油…少量

萝卜泥…适量

酱油…少量

制作方法

1. 用微波炉解冻芝麻拌菠菜后切碎。
2. 鸡蛋打液后加入A混合，再放入1搅拌。往抹上色拉油的煎蛋锅里倒入1/3的量，从对面向跟前卷，卷好后置于锅中央。剩下的蛋液分2次同样做。
3. 切成便于食用的大小装盘，旁边放上萝卜泥，撒上酱油。

芝麻和蛋黄酱结合的温和口味

通心面沙拉

自由发挥 2

材料（2人份）

冷冻 芝麻拌菠菜
…约50g（参考食谱1/4的量）

通心粉（长条且干燥）…50g

洋葱…1/4个

嫩玉米…4根

A
┌ 蛋黄酱…2大匙
└ 盐、胡椒…各少量

制作方法

1. 用微波炉解冻芝麻拌菠菜后切碎。
2. 将锅里的水煮沸后加盐煮通心粉。
3. 洋葱切碎。嫩玉米切片。
4. 在2里加入A混合，再放进3、1调拌。

煮芋头等也采用相同的冷冻和解冻方法

冷冻方法

分成单份放入冷冻保存袋中。

解冻加热方法

用微波炉解冻加热。

制作便当

切成便于食用的大小，用硅胶杯分好放在金属平盘上，盖上保鲜膜快速冷冻。冻好后放入冷冻保存袋中。制作便当时直接装盒即可。

朴素的甘甜温暖心窝

炖南瓜

参 考 食 谱

＊材料（4人份）

南瓜…1/4个（带籽440g）
鲜汁汤…2杯

A ┌ 糖…1大匙半
  │ 酱油…1/2大匙
  └ 盐…1/4小匙

＊制作方法

① 取出南瓜的内瓤和种子，切成3cm大小的块，削角。
② 往锅里倒入鲜汁汤，加入①后开火炖，然后放进Ⓐ。盖上锅盖煮至水干为止。

松软的南瓜配上蛋黄酱

南瓜沙拉

自由发挥 1

材料（2人份）

冷冻 炖南瓜
…约200g（参考食谱1/2的量）

鸡蛋…2个

Ⓐ 蛋黄酱…2大匙
盐、胡椒…各少量

制作方法

❶ 用微波炉解冻炖南瓜，切成8mm的片。

❷ 鸡蛋煮后剥壳，切碎，加Ⓐ搅拌，然后放进❶调拌。

午后蔬菜健康甜品

烤南瓜薄饼

自由发挥 2

材料（2人份）

冷冻 炖南瓜
…约200g（参考食谱1/2的量）

烤松糕末…100g

鸡蛋…1个

牛奶…1/2杯

色拉油…适量

黄油…2大匙

槭糖浆…适量

制作方法

❶ 用微波炉解冻炖南瓜，捣碎。

❷ 在烤松糕里加入鸡蛋、牛奶混合后放入❶搅拌。

❸ 在平底锅里抹一层薄的色拉油加热，然后将锅底放在湿的抹布上降温。倒入❷做成8~9cm的圆饼，煎至黄褐色。

❹ 装盘，撒上切成小块的黄油，淋上槭糖浆。

冷冻方法

放入冷冻保存袋中，用筷子分割出一次食用的分量。

解冻方法

用微波炉解冻。

冷冻和解冻后风味不同

土豆沙拉

＊材料（4人份）

土豆…3~4个

火腿…2片

洋葱…1/4个

胡萝卜…1/3根

四季豆…4根

Ⓐ ┌ 蛋黄酱…4大匙
　└ 盐、胡椒…各少量

醋…2小匙

＊制作方法

❶ 洋葱切碎。

❷ 土豆连皮用保鲜膜包好，放到微波炉里加热9~12分钟。然后趁热剥皮捣碎，放入①、醋搅拌。

❸ 将胡萝卜切碎和 四季豆放锅中煮，待四季豆变色后取出切成2cm的长条。火腿切成1cm的小块。

❹ 在②里放入Ⓐ，然后加进③调拌。

蛋黄酱和番茄汁融合风味的春卷

土豆春卷

自由发挥 1

材料（2人份）

冷冻 土豆沙拉
…约230g（参考食谱1/2的量）

春卷皮…6片

A ┌ 水…1/2大匙
　└ 面粉…2小匙

番茄汁…2大匙

煎炸用油…适量

制作方法

❶ 用微波炉解冻土豆沙拉，加入番茄汁搅拌。

❷ 将①等分成6份，放在春卷上卷起，在卷口处用Ⓐ面粉液固定。

❸ 将煎炸用油加热至180℃，放入②炸制。

在耐热器皿上做出的简单版本

无皮吉秀派

自由发挥 2

材料（2人份）

冷冻 土豆沙拉
…约150g（参考食谱1/3的量）

熏肉…2片

菠菜…3棵（80 g）

披萨用奶酪…50g

A ┌ 鸡蛋…2个
│ 牛奶…1/3杯
│ 鲜奶油…2大匙
└ 盐、胡椒、肉豆蔻…各少量

黄油…2小匙

盐、胡椒、…各少量

制作方法

❶ 用微波炉解冻土豆沙拉。

❷ 熏肉切成1cm大小。菠菜切块。在平底锅里放入黄油预热，炒制熏肉和菠菜，用盐和胡椒调味。

❸ 放进Ⓐ和①搅拌，移到耐热器皿上。然后放入②和披萨用奶酪，放进烤面包机里烤10~12分钟至金黄色。上面放上铝箔纸防止烤焦。

调味汁和定制食谱

冷冻方法

将一次使用的分量放入冷冻保存袋或冷冻保存容器里。

解冻方法

用微波炉解冻加热或直接食用。

广泛用于做意大利面、嫩煎、炖煮时使用

番茄沙司

 参 考 食 谱

✱材料（约4杯的量）

洋葱…1/2个
芹菜…1/3根
大蒜…2瓣
西红柿（罐装）…2罐
Ⓐ ┌ 洋风汤料…2小匙
│ 月桂叶…2片
└ 百里香…少量
盐、胡椒…各少量
糖…少量
橄榄油…2大匙

✱制作方法

1. 将洋葱、芹菜切碎，大蒜捣碎。
2. 在锅里倒入橄榄油预热，炒大蒜，待爆香后放进洋葱、芹菜炒至变色。
3. 放入西红柿，用木铲弄碎，加入Ⓐ。煮至沸腾后用温火再煮约10分钟。
4. 变粘稠后用盐和胡椒调味。如果太酸可加点糖。

放入家人喜欢的各种食材

西红柿火锅

自由发挥 1

材料（2人份）

冷冻 番茄沙司
…约280g（参考食谱3/8的量）

维也纳香肠…4根

带壳的花蛤…1袋（约230g）

卷心菜…1/4个

洋葱…1个

芜菁…1个

甜椒…2个

A ┌ 鲜汁汤…2杯
  │ 酒…2大匙
  │ 酱油…1大匙半
  └ 料酒…1大匙

制作方法

1. 带壳的花蛤放到盐水里去砂。维也纳香肠改刀切成格子状。

2. 卷心菜切成半月形。洋葱切成6等份的半月形。芜菁切成4等份的半月形。甜椒切成环状。

3. 在砂锅里将Ⓐ煮沸，倒入番茄沙司溶解。

4. 将③煮沸后，加入①、②煮。

法式简单炖菜

西红柿炖茄子

自由发挥 2

材料（2人份）

冷冻 番茄沙司
…约280g（参考食谱3/8的量）

茄子…3根

绿芦笋…2根

色拉油…适量

制作方法

1. 用微波炉解冻西红柿沙司。

2. 茄子切块。绿芦笋斜切成块。在平底锅里倒入色拉油预热，炸制茄子和绿芦笋。

1. 腾出锅，将①煮沸，然后加入②炖煮。

将一次使用的分量放入冷冻保存袋中或放进冷冻保存容器里。

解冻方法

用微波炉解冻加热或直接食用。

奶油的口感

白沙司

 参 考 食 谱

＊材料（约2杯半的量）

黄油…6大匙
面粉…6大匙
牛奶…3杯
盐…1/2小匙
胡椒…少量

＊制作方法

❶ 在平底锅里放进黄油预热，加入面粉，不要炒焦。
❷ 往①里倒入牛奶，用木铲边搅拌边加热，至黏稠时用盐和胡椒调味。

咖喱和多利安饭的完美结合

咖喱多利安饭

自由发挥 1

材料（2人份）

冷冻 白沙司
…约220g（参考食谱2/5的量）

洋葱…1/4个

去皮的虾…100g

米饭…2~3碗

披萨用奶酪…60g

牛奶…少量

Ⓐ ┌ 咖喱粉…1小匙
　 └ 盐、胡椒…各少量

黄油…1大匙

面包粉、黄油…各少量

制作方法

❶ 用微波炉半解冻白沙司，然后放入平底锅里加热。如果觉得硬可以加少量牛奶。

❷ 洋葱切碎。去皮的虾去掉虾线。

❸ 在平底锅里放入1大匙黄油预热，炒制❷，然后加入米饭炒熟。用Ⓐ调味后移到耐热器皿里。

❹ 在❸上依次放上披萨用奶酪、面包粉、黄油，最后放进烤箱烤至金黄色即可。

烹饪完后加入芝麻油

奶油炖白菜

自由发挥 2

材料（2人份）

冷冻 白沙司
…约220g（参考食谱2/5的量）

鸡腿肉…1/2支

胡萝卜…1/4根

白菜…2~3片（约200g）

Ⓐ ┌ 鸡精…1/2小匙
　 │ 水…1/2杯
　 └ 酒…1大匙

盐、胡椒…各少量

沙拉油…2小匙

芝麻油…少量

制作方法

❶ 用微波炉解冻白沙司。

❷ 鸡腿肉切成2~3cm的小块，用盐和胡椒调味。胡萝卜切成短条。白菜切块。

❸ 在平底锅里倒入色拉油预热，炒鸡腿肉。然后放入胡萝卜、白菜炒，倒入Ⓐ。待白菜变软后加入❶溶解，用盐和胡椒调味，淋上芝麻油即可。

冷冻方法

将一次使用的分量放入冷冻保存袋中。

解冻方法

用微波炉解冻加热或在烹饪过程中加热。

只用在意大利面中很浪费

肉酱

＊材料（约3杯的量）

肉末…250g

洋葱…1个

胡萝卜…1/2根

大蒜…1瓣

西红柿（罐装）…1罐

A ┌ 番茄泥…3大匙
　│ 鸡精…1小匙
　│ 月桂叶…1片
　└ 肉豆蔻…少量

盐…1小匙

胡椒…少量

橄榄油…1大匙

＊制作方法

1. 将洋葱、胡萝卜、大蒜切末。
2. 在锅里倒入橄榄油预热，炒大蒜，出来香味后加入洋葱、胡萝卜炒制，待变软后放进肉末，炒至松散。
3. 放入西红柿用木铲捣碎，加入Ⓐ。煮10分钟，最后用盐和胡椒调味。

适合做宵夜或休息日的午餐

肉酱乌冬面

自由发挥 1

材料（2人份）

冷冻 肉酱
…约190g（参考食谱1/3的量）
冷冻的乌冬面…2团
香菇…4个
橄榄油…2小匙
香芹菜…少量

制作方法

① 香菇切成4瓣。

② 用微波炉解冻肉酱。

③ 在平底锅里倒入橄榄油预热，炒制①，然后放进②加热。

④ 煮完乌冬面后装盘，浇上③，撒上切末的香芹。

因为不辣小孩子也能一饱口福

西式麻婆豆腐

自由发挥 2

材料（2人份）

冷冻 肉酱
…约190g（参考食谱1/3的量）
木棉豆腐…1块 　　　　盐、胡椒…各少量
A 鸡精…1/2小匙 　　芝麻油…少量
　水…1/2杯 　　　　葱…少量
　酒…1大匙
B 水…1/2小匙
　土豆淀粉…1/4小匙

制作方法

① 将木棉豆腐切成2cm大小的块。

② 用微波炉解冻肉酱。

③ 将②放进平底锅里，放进Ⓐ开火，煮沸后放进①，用盐和胡椒调味。用Ⓑ水溶土豆淀粉勾芡，淋上芝麻油。

④ 装盘，撒上葱末。

索引

冷冻料理

食材冷冻方法一览表

买回来的食材首先参照此页冷冻。
刚买回的食材趁着新鲜冷冻起来是冷冻保存的秘诀。

主食类

米饭	切片面包	蔬菜热狗	生面食·煮面	饺子皮
一次用量包好 ➡ 1个月 做成饭团 ➡ 1个月 P26	单个包好 ➡ 1个月 P27	单个包好 ➡ 1个月 P28	一次用量包好 ➡ 1个月 P28	一次用量包好 ➡ 1个月 P29
年糕	**面包卷·松饼·羊角面包**	**烤松糕**	**意大利面**	**面粉·面包粉**
单个包好 ➡ 1个月 P27	单个包好 ➡ 1个月 P27	单个包好 ➡ 1个月 P28	一次用量包好 ➡ 1个月 P29	直接放入保存袋中 ➡ 1个月 P29

肉 类

猪肉薄切片	猪肉厚切片	牛肉薄切片	猪肉末·牛肉末	鸡肉（鸡胸肉·鸡腿肉·鸡胸脯肉）
一次用量包好 ➡ 3~4周 用盐和胡椒调味 ➡ 3~4周 用酱油调味 ➡ 3~4周 P30~P31	裹上炸猪排的"外衣" ➡ 3~4周 用盐和胡椒调味 ➡ 3~4周 P32	一次用量包好 ➡ 3~4周 用酱油调味 ➡ 3~4周 P34	一次用量包好 ➡ 3~4周 做成肉松 ➡ 4~5周 做成肉丸子 ➡ 3~4周 做成肉酱 ➡ 4~5周 P36~P37	一次用量包好 ➡ 3~4周 用盐和胡椒调味 ➡ 3~4周 用酱油调味 ➡ 3~4周 用香草腌渍 ➡ 3~4周 做成蒸鸡肉（鸡胸肉·鸡胸脯肉） ➡ 4~5周 P38~P39
猪肉碎块 用酱油调味 ➡ 3~4周 P31	**猪肉块** 切成便于食用的大小 ➡ 3~4周 烹制炖肉 ➡ 4~5周 P33	**牛肉厚切片** 两面煎肉 ➡ 4~5周 用盐和胡椒调味 ➡ 3~4周 P35		

肉 类

鸡翅·鸡翅根
单块包好
➡ 3~4周

用盐和胡椒调味
➡ 3~4周

用酱油调味
➡ 3~4周

P40

鸡肉末
一次用量包好
➡ 3~4周

做成甜辣肉松
➡ 4~5周

做成肉丸子
➡ 4~5周

P41

鸡肝
用酱油调味
➡ 3~4周

P42

肉类加工品
直接放入保存
袋中
➡ 4~5周

P42

海鲜类

竹荚鱼
整条放入保存
袋中
➡ 2周

片成3片
➡ 2周

P43

鲭鱼
用酱油调味
➡ 2周

P45

虾
快速冷冻
➡ 2周

连壳煮
➡ 3周

P48

花蛤·蚬·文蛤
快速冷冻
➡ 2周

酒蒸
➡ 3周

P50

鲑鱼子
一次用量包好
➡ 2周

P51

秋刀鱼
切成大块
➡ 2周

P44

生鱼片
分块包好
➡ 2周

用酱油调味
➡ 2周

P46

墨鱼
快速冷冻
➡ 2周

香草腌渍
➡ 2周

P49

扇贝
快速冷冻
➡ 2周

P51

杂鱼干
一次用量包好
➡ 3周

P52

鱼糕
一次用量包好
➡ 3周

P52

沙丁鱼
用酱油调味
➡ 2周

制成肉糜
➡ 2周

P44~P45

腌鲑鱼
分块包好
➡ 2周

鲑鱼肉松
➡ 3周

P47

章鱼
切成薄片
➡ 2周

P50

明太鱼子·鳕鱼子
单个包好
➡ 2周

P51

鱼卷·油炸鱼肉饼
单个包好
➡ 3周

P52

蔬菜类

卷心菜

炒制
➡ 1个月

煮
➡ 1个月　　P53

葱
（大葱·
香葱）

一次用量包好
➡ 3周　　P55

茄子

油炸
➡ 1个月

烤制
➡ 1个月　　P58

甜椒·红辣椒

炒制
➡ 1个月　　P61

洋葱

炒制
➡ 1个月

切成末
➡ 3周　　P65

白菜

炒制
➡ 1个月　　P54

芦笋

煮
➡ 1个月　　P56

黄瓜

盐渍
➡ 3周　　P59

秋葵

煮
➡ 1个月　　P61

土豆

做成土豆泥
➡ 1个月　　P65

生菜

煮
➡ 1个月　　P54

西兰花·
菜花

煮
➡ 1个月　　P56

西葫芦

炒制
➡ 1个月　　P59

胡萝卜

切丝
➡ 3周

煮
➡ 1个月　　P62

甘薯

用微波炉加热
➡ 1个月

做成泥状
➡ 1个月　　P66

青菜

煮
➡ 1个月　　P55

芹菜

炒制
➡ 1个月　　P57

玉米

煮
➡ 1个月　　P59

萝卜

煮
➡ 1个月

擦丝
➡ 3周　　P63

日本山药·
家山药

擦成泥
➡ 3周　　P66

韭菜

一次用量包好
➡ 3周　　P55

西红柿

直接放入保存
袋中
➡ 3周

切块
➡ 3周　　P57

南瓜

用微波炉加热
➡ 1个月

做成南瓜泥
➡ 1个月　　P60

牛蒡

切片
➡ 3周

煮
➡ 1个月　　P64

竹笋

裹糖
➡ 3周　　P67

蔬菜类

藕	豆芽	大蒜	野姜	麝香草·罗勒·迷迭香
煮 ➡ 1个月 P67	煮 ➡ 1个月 P69	一次用量包好 ➡ 3周 P70	一次用量包好 ➡ 3周 P71	一次用量包好 ➡ 3周 P72

菌类	四季豆·荷兰豆	三叶芹	生姜	薄荷
直接放入保存袋中 ➡ 3周 用酱油调味 ➡ 1个月 P68	煮 ➡ 1个月 P69	直接放入保存容器 ➡ 3周 P71	一次用量包好 ➡ 3周 P72	冻成冰 ➡ 3周 P73 萝卜干·干海藻 水发 ➡ 3周 P73

滑菇	毛豆·蚕豆·青豌豆	绿紫苏	香芹	魔芋·粉丝
直接放入保存袋中 ➡ 3周 P69	煮 ➡ 1个月 P70	单片包好 ➡ 3周 P71	直接放入保存袋中 ➡ 3周 P72	直接放入保存袋中 ➡ 3周 P73

大豆制品

豆腐	油炸豆腐	过油豆腐	纳豆	豆腐渣
直接放入保存袋中 ➡ 2~3周 P74	快速冷冻 ➡ 1个月 P74	单片包好 ➡ 2~3周 P75	直接放入保存袋中 ➡ 1个月 P75	一次用量包好 ➡ 1个月 P75

水果类

草莓
快速冷冻
➡ 2~3周
P76

甜瓜·西瓜
快速冷冻
➡ 2~3周
P77

苹果
擦成泥
➡ 2~3周
甜煮
➡ 1个月
P79

柠檬
直接放入保存袋中
➡ 2~3周
蜜饯
➡ 2~3周
P81

坚果
直接放入保存袋中
➡ 1个月
P82

猕猴桃
快速冷冻
➡ 2~3周
P76

柿子
直接放入保存袋中
➡ 2~3周
P78

梨
直接放入保存袋中
➡ 2~3周
P80

酸橘·柚子
直接放入保存袋中
➡ 2~3周
P81

菠萝
快速冷冻
➡ 2~3周
P77

柑橘
直接放入保存袋中
➡ 2~3周
P78

鳄梨
切块包好
➡ 2~3周
P80

覆盆子·越橘
快速冷冻
➡ 2~3周
P82

橙子·葡萄柚
快速冷冻
➡ 2~3周
P77

香蕉
单根包好
➡ 2~3周
P78

葡萄
快速冷冻
➡ 2~3周
P80

栗子
直接放入保存袋中
➡ 1个月
P82

鸡蛋·乳制品

鸡蛋
只保存蛋白
➡ 1个月
制作煎蛋
➡ 2周
P83

酸奶
直接放入保存袋中
➡ 1个月
P83

奶酪
一次用量包好
➡ 1个月
P84

黄油
单块包好
➡ 1个月
P84

鲜奶油
搅打后一次用量包好
➡ 1个月
P84

调味料·饮料·甜食

香辛料
直接放入保存袋中
➡ 根据香辛料的保质期而定 **P85**

茶叶·咖啡豆
直接放入保存袋中
➡ 1个月 **P86**

果酱·蜂蜜·糖浆
一次用量包好
➡ 1个月 **P86**

日式点心·蛋糕
单个包好
➡ 2周 **P87**

鲜汁汤
制成冰块
➡ 2周 **P85**

开封后的桃罐头·橘子罐头
放入冷冻保存容器
➡ 1个月 **P86**

馅料
一次用量包好
➡ 1个月 **P87**

曲奇
直接放入保存袋中
➡ 1个月 **P87**

不能冷冻的食材

蛋黄酱
P88

油类
P88

鸡蛋（蛋黄）
P88

啤酒·碳酸饮料
P88

山菜
P88

料酒
P88

TITLE：[冷凍保存の教科書ビギナーズ]

BY：[吉田 瑞子]

Copyright © Mizuko Yoshida, 2011

Original Japanese language edition published by Shinsei Publishing Co.,Ltd.

All rights reserved. No part of this book may be reproduced in any form without the written permission of the publisher.

Chinese translation rights arranged with Shinsei Publishing Co.,Ltd.

Tokyo through Nippon Shuppan Hanbai Inc.

图书在版编目（CIP）数据

最详尽的冷冻保存教科书/（日）吉田瑞子著；闫凤敏译. —沈阳：辽宁科学技术出版社，2013.10

ISBN 978-7-5381-8127-2

Ⅰ.①最… Ⅱ.①吉…②闫… Ⅲ.①食物—低温保藏 Ⅳ①TS972.24

中国版本图书馆CIP据核字（2013）第148864号

策划制作：北京书锦缘咨询有限公司(www.booklink.com.cn)
总 策 划：陈 庆
策 划：李 卫
装帧设计：季传亮

出版发行：辽宁科学技术出版社
　　　　　（地址：沈阳市和平区十一纬路29号　邮编：110003）
印 刷 者：北京启恒印刷有限公司
经 销 者：各地新华书店
幅面尺寸：170mm×240mm
印　　张：11
字　　数：192千字
出版时间：2013年10月第1版
印刷时间：2013年10月第1次印刷
责任编辑：修吉航 谨 严
责任校对：合 力

书　　号：ISBN 978-7-5381-8127-2
定　　价：46.00元

联系电话：024-23284376
邮购热线：024-23284502
E-mail: lnkjc@126.com
http://www.lnkj.com.cn
本书网址：www.lnkj.cn/uri.sh/8127